新农科教育改革丛书

AGRICULTURAL

Teaching Reform and Practice of
Basic Chemistry Course for Agricultural Specialty

农科专业基础化学课程
教学改革与实践

周 智 周 南◎著

中南大学出版社
www.csupress.com.cn
·长 沙·

图书在版编目(CIP)数据

农科专业基础化学课程教学改革与实践 / 周智, 周南著. --长沙: 中南大学出版社, 2024. 12.

ISBN 978-7-5487-6066-5

Ⅰ. S13-42

中国国家版本馆 CIP 数据核字第 20244V81S7 号

农科专业基础化学课程教学改革与实践

NONGKE ZHUANYE JICHU HUAXUE KECHENG JIAOXUE GAIGE YU SHIJIAN

周智　周南　著

□出 版 人　林绵优
□责任编辑　胡　炜
□责任印制　唐　曦
□出版发行　中南大学出版社
社址: 长沙市麓山南路　　邮编: 410083
发行科电话: 0731-88876770　　传真: 0731-88710482
□印　　装　广东虎彩云印刷有限公司

□开　　本　710 mm×1000 mm 1/16　□印张 15　□字数 269 千字
□版　　次　2024 年 12 月第 1 版　□印次 2024 年 12 月第 1 次印刷
□书　　号　ISBN 978-7-5487-6066-5
□定　　价　52.00 元

前言 Preface

化学作为一门基础学科，在农学生产和应用中扮演着非常重要的角色。化学基础知识的涉及面广泛且深入，对于提高农业生产效率、保障食品安全、保护农田环境等具有极为重要的意义。农科专业基础化学课程教学体系主要针对农学中的作物学科和动物学科而建立，涉及的专业主要有作物学、园艺、植物保护、农业资源与环境、畜牧兽医、水产养殖等。目前，湖南农业大学针对农学专业设计建立了一套全新的基础化学课程教学体系，所涉及的课程主要有“无机及分析化学”“有机化学”“基础化学实验”。

本书是湖南农业大学基础化学课程教研室几十年来的教改经验总结。早在2019年，我们就确定了编写任务。但由于基础化学课程涉及的农科专业非常广泛，课程内容较多，再加上科学前沿的快速迭代发展，使得相关教学内容、教学模式和考核模式等不断变化，我们一直在梳理、总结、积累各种素材，以期待出版一个较为全面的版本。经过5年的准备，尽管还有不少不尽如人意之处，但这本书终于要面世了。

本书内容包括绪论、课程教学改革的理论研究、基础化学课程教学改革探索之路、基础化学理论课程教学改革实践和基础化学实验课程教学改革实践五个部分，系统全面地介绍了湖南农业大学基础化学课程改革的历史沿革、有效措施与经验教训。全书在绪论部分主要介绍新农科建设的时代背景、高等学校课程建设与管理的基本情况，以及目前网络课程资源建设的途径与方法等；在课程教学改革的理论研究部分，主要介绍了课程教学改革的理论支撑，以及相应的理念更新和理论探讨等；在基础化学课程教学改革部分，主要介绍了教学目标的更新、教学内容的变化、教学模式的变迁，以及相关教改行为及其效果等。之后，分章节详细介绍了基础化学理论课程和实验课程教学改革的具体情况，包括改革的必要性，在教学内容、教学模式和考核模式等方面的具体举措，在改革中发现的相应问题，以及后续建议等。本书作为农业类高等院校在基础化学课程教学改革方面的总结性书籍，以探究研究历程、总结有效经验、提出调整建议为主要目的，力图全面、系统地从环境背景、基本原理和基本方法等角度，简明扼要地阐述农业类院校基础化学教学改革的有效途径与方式方法，从而为其他农林类高等院校以及理工类基础课程教学改革提供参考与借鉴。

在编写过程中，众多同行给予了支持和指导，刘耀和赵袁元在文字和格式修订方面提供了大量的帮助，中南大学出版社的各位工作人员在校稿、图形处理等方面做了大量的工作，在此一并表示感谢。由于时间仓促且水平有限，书中难免存在不足和疏漏，敬请读者批评指正，以便及时修订。

2024 年 8 月于长沙

目录 Contents

第一章 绪论

当今世界，农业发展高度依赖农业教育体系的完善，农业教育在农业发展和农业经济运行中的作用越来越突出。课程教学改革是高等教育教学改革的核心，是一线教师开展教学改革和新农科建设的基础。

第一节 新农科建设的时代背景

2017 年 1 月 24 日，教育部、财政部、国家发展改革委制定了《统筹推进世界一流大学和一流学科建设实施办法(暂行)》，对新时期高等教育重点建设做出新部署。为贯彻落实国家对中国高等教育的总体部署，2019 年 4 月，教育部办公厅发布《关于实施一流本科专业建设“双万计划”的通知》，同年 10 月，印发《关于一流本科课程建设的实施意见》，持续推进新工科、新医科、新农科、新文科建设，落实中国高等教育高质量发展的战略布局。

一、“安吉共识”

2019 年 6 月 28 日，全国涉农高校的百余位书记校长和农林教育专家齐聚浙江省安吉余村，共商新时代中国高等农林教育发展大计。在“绿水青山就是金山银山”理念诞生地，他们共同发布了“安吉共识——中国新农科建设宣言”。

(一)我们的共识：新时代新使命要求高等农林教育必须创新发展

没有农业农村现代化，就没有整个国家的现代化。新时代对高等农林教育提出了重要要求。打赢脱贫攻坚战，高等农林教育责无旁贷；实施乡村振兴战略，高等农林教育重任在肩；推进生态文明建设，高等农林教育义不容辞；打造美丽幸福中国，高等农林教育大有作为。面对农业全面升级、农村全面进步、农民全面发展的新要求，面对全球科技革命和产业变革的新浪潮，面对农林教育发展的深层次问题与严峻挑战，中国高等农林教育需要以时不我待的使命感锐意改革，加快建设新农科，为更加有效保障粮食安全，更加有效服务乡村治理和乡村文化建设，更加有效保证人民群众营养健康，更加有效促进人与自然和谐共生，着力培养农业现代化的领跑者、乡村振兴的引领者、美丽中国的建设者，打造天蓝山青水净、食品安全、生活恬静的美丽幸福中国做出历史性贡献。

(二)我们的任务：新农业新乡村新农民新生态建设必须发展新农科

(1)面向新农业。新农业是确保国家粮食安全之业，更是三产融合之业、绿色发展之业。新农科建设要致力于促进农业产业体系、生产体系、经营体系转型升级，优化学科专业结构，重塑农业教育链、拓展农业产业链、提升农业价值链，推动我国由农业大国向农业强国跨越。

(2)面向新农村。新农村是农业生产之地，更是产业兴旺之地、生态宜居之地。新农科建设要致力于促进农村产业发展，服务城乡融合和农村治理，把高校的人才、智力和科技资源辐射到广阔农村，将农村建设为美好家园。

(3)面向新农民。新农民是健康食品和原材料生产者，更是现代产业经营者、美丽乡村守护者。新农科要致力于服务农业新型经营主体发展，融合现代科技和管理知识，培育新型职业农民，助推乡村人才振兴。

(4)面向新生态。新生态是人与自然和谐共生的命运共同体，更是经济社会发展的新的生产力。新农科建设要致力于服务山水林田湖草系统治理，树立和践行“绿水青山就是金山银山”的理念，助力美丽中国建设。

(三)我们的目标：扎根中国大地掀起高等农林教育的质量革命

(1)开拓改革发展新路。为开创农林教育新格局，打破固有学科边界，推进农工、农理、农医、农文深度交叉融合创新发展，综合性高校要发挥学科综合优势来支持涉农专业发展，农林高校要实现以农林为特色优势的多科性协同发展。为开创多元化发展之路，服务国家粮食安全、农业绿色生产、生态可持续发展，以需求的多元化推进发展的特色化，我们要构建灵活的教育体系和科学的评价体系，从而推进人才培养向多样化转变，实现多类型、多层次发展。而想要探求协同发展之路，则必须创建产学研合作办学、合作育人、合作就业、合作发展的“旋转门”，以推进人才培养链与产业链对接融合、教育资源与科研资源紧密整合。

(2)培育卓越农林新人才。打造人才培养新模式，实施升级版卓越农林人才教育培养计划；对接农业创新发展新要求，着力提升学生的创新意识、创新能力和科研素养，培养一批高层次、高水平、国际化的创新型农林人才；对接乡村一二三产业融合发展新要求，着力提升学生综合实践能力，培养一批多学科背景、高素质的复合应用型农林人才；对接现代职业农民素养发展新要求，着力提升学生生产技能和经营管理能力，培养一批爱农业、懂技术、善经营的“下得去、留得住、离不开”的实用技能型农林人才；激励青年学子留在农村为乡村振兴和生态文明建设贡献青春力量。

(3)树立农林教育新标准。构建农林教育质量新标准，基于农林产业发展前沿、生产生活生态的多维度服务，以及新兴交叉跨界融合科技发展，主动布局新兴农科专业，使其服务于智能农业、休闲农业、森林康养、生态修复等新产业的发展；调整存量，用生物技术、信息技术、工程技术等现代科学技术改造提升现有涉农专业，加速推进农林专业供给侧改革；建设“金课”，基于农林实际问题、农林产业案例、科学技术前沿，开发新时代农林优质课程资源，推进农林教育教学与信息技术深度融合，提升农林课程的高阶性、创新性和挑战度；建设“高地”，构建校内实践教学基地与校外实习基地协同联动的实践教学平台，建设一批区域性共建共享农林实践教学基地，让农林教育走下“黑板”、走出教室、走进山水林田湖草，补齐农林教育实践短板；建设一批农林类一流专业、一流课程和一流实践基地，倾心打造高等农林教育“质量中国”品牌。

(四)我们的责任：为世界高等农林教育发展贡献中国方案

不忘初心、牢记使命，扎根中国大地办好高等农林教育，倾心倾力服务中国农业农村现代化和中华民族伟大复兴事业，是新时代中国高等教育肩负的庄严神圣使命。同时，作为世界农业大国，中国大力推动高等农林教育创新发展，可以为促进全球粮食安全、农业农村发展、生态可持续发展、共建美丽地球村等贡献中国智慧、提供中国方案。这既是中国高等教育的责任担当，也是中国高等教育的世界情怀。中国强，农业必须强；中国美，乡村必须美；中国富，农民必须富。中国实现现代化，农业农村必须实现现代化。

二、殷切期望

2019 年 9 月 5 日，习近平总书记给全国涉农高校书记校长和专家代表回信，对涉农高校加强人才培养与科技创新、服务“三农”事业发展予以充分肯定，并对新时代高等农林教育发展提出了殷切期望。习近平总书记的重要回信，既充分肯定了涉农高校牢记办学使命、精心培育英才、加强科研创新，为“三农”事业发展做出的积极贡献；也特别强调了中国现代化离不开农业农村现代化，而农业农村现代化关键在科技、在人才。

各地各高校要全面贯彻落实习近平总书记重要回信精神，认真组织学习，广泛开展宣传动员，深刻领会总书记回信的重大意义和精神实质，自觉把思想和行动统一到回信精神上来，把回信精神转化为推动高等教育改革发展的强大动力。

(1)坚持立德树人，大力培养知农爱农新型人才。各地各高校要贯彻落实习近平总书记关于教育“两个根本”的要求，把思想政治教育贯穿人才培养全过程，把为国家为人民服务的家国情怀教育融入人才培养各环节，培养能担当民族复兴大任的时代新人。实施国家级、省级一流专业和一流课程“双万计划”，进一步优化调整学科专业结构，开发优质课程资源。要主动对接农业农村发展新要求，深入推进“卓越农林人才教育培养计划 2.0”，进一步完善科教结合、产教融合等协同育人模式，加快培养卓越的创新型、复合应用型、实用技能型农林人才。要加强农林实践教育，加快建设一批区域性共建共享农林实践教学基地，健全创新创业教育体系，让更多学生走进农村、走近农民、走向农业、走入生态建设第一线，为脱贫攻坚、乡村振兴和生态文明建设输送源源不断的青春力量。

(2)加快科技创新，为确保国家粮食安全做出贡献。各地各高校要深化科技体制改革，创新组织模式，加强协同创新，完善评价体系，加快提高我国科技自主创新能力的步伐。要充分发挥高校在农业农村发展中的科技创新策源地作用，积极应对新一轮科技革命和产业变革的时代浪潮，顺应一二三产业融合发展新趋势，推进实施高等学校乡村振兴科技创新行动计划，围绕农林领域建设一批重大科技基础设施、重点实验室和重点团队，在现代种业、智能装备、绿色发展等重点领域实现基础理论和关键核心技术的新突破，加快技术转移转化，提高粮食综合生产能力，保障国家粮食安全和农业可持续发展。

(3)加强生态文明教育，助力美丽中国建设。各地各高校要深入贯彻习近平生态文明思想，牢固树立和践行“绿水青山就是金山银山”理念，大力弘扬社会主义生态文明观，加快发展生态文明教育。要勇担生态文明建设重任，致力于推进山水林田湖草系统治理，构建与生态文明建设相适应的学科专业体系，打造高水平、多层次的生态文明人才培养体系，开展针对生态领域战略性、全局性、前瞻性问题的多学科交叉研究和联合攻关，积极推动高等教育成为绿色教育的提供者、绿色科技的推行者、绿色文化的引领者，助力建设天蓝地绿水清的美丽中国。

(4)深化教育改革，提升高等教育服务经济社会发展能力。各地各高校要瞄准产业发展和经济转型升级需要，坚持服务国家战略、地方需求，深化体制机制改革，自觉使学科专业发展的小逻辑服务于国家经济社会发展的大逻辑，更好地发挥高等教育对经济社会发展的支撑引领作用。各涉农高校要树立面向新农业、面向新乡村、面向新农民、面向新生态的发展理念，加快建设新农科，推动高等农林教育创新发展，提升服务农业农村现代化建设能力，提高亿万农民生活水平和思想道德素质，着力培养农业现代化的领跑者、乡村振兴的引领者、美丽中国的建设者，为更加有效保障粮食安全、更加有效服务乡村治理和乡村文化建设、更加有效保证人民群众营养健康、更加有效促进人与自然的和谐共生，打赢脱贫攻坚战、推进乡村全面振兴不断做出新的更大的贡献。

三、“北大仓行动”

2019 年 9 月 19 日，全国 50 余所涉农高校的近 180 位党委书记、校长和专家代表齐聚黑龙江省七星农场，共同提出深化高等农林教育改革行动实施方案，提出新农科建设“北大仓行动”，对新农科建设做出全面安排。

(一)新型人才培养行动

把思想政治教育贯穿人才培养全过程，切实发挥好思政课程和课程思政的育人功能。通过提升学生的创新意识、创新能力和科研素养，探索农林教学与科研人才培养基地改革试点，着力培养一批创新型人才；通过提升学生综合实践能力，探索校企联合培养改革试点，着力培养一批复合型人才；通过提升学生生产技能和经营管理能力，探索面向基层订单定向培养改革试点，着力培养一批应用型人才。

(二)专业优化攻坚行动

研究制定《新农科人才培养引导性专业指南》，用生物技术、信息技术、工程技术等现代科学技术改造现有涉农专业，布局智能农业、农业大数据、休闲农业、森林康养、生态修复等新产业新业态急需的新专业，调整淘汰不能适应农林产业发展和社会需求变化的老旧专业，因地制宜培育农林特色优势专业集群，建设一批国家级一流涉农专业。

(三)课程改革创新行动

让课程理念新起来、教材精起来、课堂活起来、学生忙起来、管理严起来、效果实起来，提高农林课程的“两性一度”，建设一批农林类线上、线下、线上线下混合式、虚拟仿真实验教学、社会实践国家级一流课程，建立高等农林院校慕课联盟。

(四)实践基地建设行动

研究制定《农林实践教育基地建设指南》，建设一批农林类区域性共建共享实践教学基地、校内实践教学示范基地，建立农林创新创业导师人才库。

(五)优质师资培育行动

推进实现基层教学组织全覆盖、青年教师上岗培训全覆盖、职业培训和终身学习全覆盖，建设一批国家级农林教师教学发展示范中心、教师实践能力培训基地。

(六)协同育人强化行动

实施农科教协同育人工程，推动科教协同、产教融合，支持涉农高校与本省农(林)科院的战略合作，以建设一批“一省一校一所”教育合作育人示范基地，与涉农企业进行产学研合作，以建设一批产教融合示范基地，与现代农业产业技术体系综合试验站合作，以建设一批科教合作人才培养基地。

（七）质量标准提升行动

构建高等农林专业认证制度，推进三级专业认证，建立以高校内部质量保障为基础、多部门共同参与的新农科质量保障体系，探索开展全程质量监控，形成自觉、自省、自律、自查、自纠的农林教育质量文化。

（八）开放合作深化行动

基于人才培养国际化的需要，拓展国际合作交流渠道，办好中外教育合作项目，推进校际学分互换互认、学位互授联授，培养国际型的高端人才；基于国家对外开放战略的需要，加强与国际科教组织合作，选派农林师生到国际组织任职实习，建设国际农业教育研究中心和国际农业联合实验室，积极参与国际农业标准规范研制，为农业“走出去”提供人才与科技支撑。

四、“北京指南”

2019 年 12 月 5 日，新农科建设北京指南工作研讨会在北京举行。会议研究了新农科建设发展举措，提出了新农科改革实践方案，推出了新农科建设“北京指南”。

新农科建设：层层递进，环环相扣。2019 年，新农科建设已奏响“三部曲”——“安吉共识”从宏观层面提出了要面向新农业、新乡村、新农民、新生态发展新农科的“四个面向”新理念；“北大仓行动”从中观层面推出了深化高等农林教育改革的“八大行动”新举措；“北京指南”则将从微观层面实施新农科研究与改革实践的“百校千项”新项目。该指南旨在启动新农科研究与改革实践项目，以项目促建设、以建设增投入、以投入提质量，让新农科在全国高校全面落地生根。该项目在理念上对接高等教育改革主旋律，对接卓越农林人才教育培养计划 2.0，对接“安吉共识”和“北大仓行动”；在内容上，形成“1+4”结构，即 1 个理论基础研究版块和 4 个人才培养要素改革版块，覆盖人才培养各环节；在质量上，突出创新导向、特色导向和实践导向，着眼解决长期制约高等农林教育发展的重点难点问题，探索面向未来高等农林教育改革的新路径新范式，注重分类发展、特色发展、内涵发展，重在实践，推动“真刀真枪”、实实在在的改革。

推动新农科建设：一年成型、三年成势、十年结硕果。“北京指南”对新农科研究与改革实践项目的实施目标、路径和具体举措进行了详细讲解和全面部署。“北京指南”标志着新农科建设的全面展开，要实现校院齐动、师生互动、校企联动、部门协动，让农林教育热起来、让农林高校强起来，让高等农林教育成为“显学”，推动新农科建设一年成型——发生农林高校基本面的改变，三年成势——产生农林教育基本格局的变革，十年结硕果——形成农林教育的中国方案、中国理论、中国范式。“北京指南”共涵盖5大改革领域、29个选题方向，对全面建设发展新农科、全面深化高等农林教育改革做出了全局性、系统性、前瞻性的回应，内容丰富，举措新实，其中提出要探索创建面向新农业的现代农业产业学院、面向新乡村的乡村振兴研究院、面向新农民的农民发展学院、面向新生态的生态文明建设学院，制定新农科人才培养引导性专业目录，建设一省一校一所卓越农林人才教育合作育人基地、区域性共建共享实践教学基地等一系列即将在高校落地的改革举措，让农林教育“面貌一新”，将逐步推动中国高等农林教育发生格局性意义的变革。

第二节 高等学校课程建设与管理

课程建设与管理是专业建设和学科建设的基础，课程的质量和水平是学校师资、教学质量、教学条件及管理水平的综合反映。抓好课程的建设和管理可以带动教材建设、实验室建设、师资队伍建设等各项教学基础建设。加强课程建设，深化课程体系与教学内容改革，是实现高校培养目标的保证，对提高教学质量，培养高素质人才起着极其重要的作用。

一、课程概述

（一）课程的内涵

课程是课堂教学、课外学习以及自学活动的内容纲要和目标体系，是教学和学生各种学习活动的总体规划及其进程。从课程的定义可以看出：①课程不仅是正规的课堂教学内容，还包括学生课外学习的内容；②课程不仅要着眼于书本知识，还应当对学生的各种实践活动做出明确的统一安排，否则理论联系实际就会成为一句空话；③课程编排不仅要符合知识系统的逻辑，而且要适应学生认识发展的逻辑；④课程要促进知识和经验的综合和创新，加强各种知识间的联系，引导学生解决交叉学科和跨学科问题；⑤课程有明确的目标。

课程内容的选择受教育目的制约，同时也为实现学校教育的各项目服务，而课程内容又对教学过程有着直接的制约作用，因此教学方法、手段和组织形式的选择，在很大程度上取决于课程内容的性质和特点。课程所提出的内容和目标是教学活动的前提。课程直接关系着学生的知识、能力、素质的全面发展，是保证人才培养质量的关键，决定着学生的发展水平和学校的教学质量。

（二）课程的类型

（1）按层次分类。高等学校的课程结构按层次分一般可以分为公共基础课、学科专业基础课、专业课、综合素质课。①公共基础课是高等学校多科类专业的学生均需修读的课程，是向学生传授与未来工作有关的、自然和社会领域的、带有基本规律的知识和技能的课程。它主要包括"两课"、人文素质、外语、计算机基础、体育等课程，旨在提高学生的政治、文化水平，保证学生德、智、体的全面发展。②学科专业基础课是按学科门类或一级学科、相近相关专业打通的专业基础知识课程模块，是某个专业或专业群的学生必须学习的基础理论、基本知识和基本技能训练课程，它包括一般基础课与专业基础课。基础课主要为学生掌握专业知识，学习新的科学技术，发展新的智能打下宽厚的理论与技术基础。它的作用主要表现为：第一，作为普通教育与专业教育的过渡，循序渐进地把学生领入专业领域；第二，拓宽学生知识面，增强学生适应性。它与公共基础课一块为学生构筑学习专业知识而必须掌握的、宽厚的基础知识和技能。③专业课是提供与学生未来社会生活和职业有密切关系的知识技能的课程，或为加深某专业方向或专业特色的专业课程组。它分为专业理论课、专业技术课、专业实验课三大类，集中反映了各专业的特色。④综合素质教育课主要是为拓展学生知识面，提高学生综合素质而开设的课程，包括专业选修课程与公共选修课程（通识教育课程）。

（2）按课程与专业的关系分类。高等学校课程根据其对专业人才培养的作用可分为必修课和选修课。必修课是学习某一专业的每一个学生都必须修习的课程，通常包括公共课、基础课、专业课。选修课是学生可以有选择地修习的课程。选修课根据性质可分为加深专业理论的课程、加宽基础知识的课程、扩充学生文化科学知识的课程。选修课按条件分可分为限制性选修课(指定选修课)与非限制性选修课(任选课)。

(3)按课程存在的形式分类。高等学校课程可分为显课程与潜课程。显课程是指在课程和教材中明确陈述的，并要在考试、测验中考核的正规教学内容和教育、教学目标；潜课程则指那些难以预料的、伴随正规教学内容而随机出现的、对学生起到潜移默化式教育影响的教学内容，通常渗透在课程，教材，教学活动，班级气氛，人际关系，校园文化，以及社会环境中的文化价值、态度、习惯、信仰等之中。

(4)按课程实施的方式分类。高等学校课程可以分为理论课与实践课。理论课是以培养学生基本知识、基本理论为目标的课程，主要通过课堂讲授落实。实践课则指以培养学生操作技能为主的课程，包括实验课与实践教学环节。

(三)制约课程建设的客观因素

(1)社会对课程的制约。社会因素对课程的制约是一定的社会生产力、政治经济制度和社会意识形态对课程的综合作用的结果。这些因素对课程的制约作用既有多样性，也有一致性，它们决定着课程的性质和方向。

(2)学生对课程的制约。学生的发展有赖于课程的指引，课程的设计也须符合学生发展的规律和水平，两者是相互依存、相互制约、彼此促进的，学生对课程的制约主要体现为：①学生身心发展规律制约课程的设置，课程应满足学生身心发展需要；②学生身心发展规律制约着课程目标的设计，课程目标既要反映每个学生身心发展的统一性，又要能适应学生身心发展的阶段性和连续性要求；③学生身心发展水平制约着课程的总体水平和各种教材的广度、深度和难度。

(3)知识对课程的制约。课程内容的主要来源是人类积累的科学文化知识。科学文化知识是不以人的意志为转移的客观内容，知识的发展对课程内容的量与质的改变有着重要影响；知识的增长制约着课程内容的更新，科学结构的深进制约着课程结构的演进。

二、课程建设

课程建设是学校教育的基础建设，是实现培养目标的保证，对提高教学质量，培养高素质人才具有极其重要的作用。

（一）课程建设的意义

（1）有利于转变教学思想，提高教学质量。课程建设是深化教学改革、更新教育观念的基础。在课程建设过程中，对课程教学现状、发展趋势进行分析和思考，能帮助教师深入探讨教学工作，研究教学规律，以此形成新的教学理念，从而提高教学质量。

（2）有利于促进各项教学建设。课程建设是一项系统工程，以其为抓手，可以有效优化师资队伍、教材、实验室、教学设施等资源的配置，使教学管理科学化、规范化。

（3）有利于学科建设，形成新学科。一门具有特色的优秀课程的建设，能带动相关课程群的建设和发展。持续不断地开展课程建设，往往能催生一批新的交叉学科或优势学科。

（二）课程建设的原则

（1）民主开放原则。学校课程建设是一个民主开放的决策过程，由校长、教师、课程专家、学生、课程管理者共同参与制定。学校课程建设要体现出民主性与开放性。

（2）因校制宜原则。学校课程建设应以尊重差异，满足不同地方、不同学校的需要为前提。学校要合理地开发校本课程资源，尽可能就地取材，对课程资源进行合理优化配置。

（3）发展性原则。学校课程建设应以人为本，促进学生全面发展。学校课程建设不仅要注重学生的全体性、全面性、主动性，而且要注重每一个学生发展的差异性、持续性，让学生按照自己的兴趣与需要进行学习。另外，学校课程建设要充分尊重教师的自主性，以更好地促进教师的专业成长和发展。

（4）目标导向性原则。学校课程建设必须以学校确定的教育目标为准则与导向，减少课程建设的随意性，既保证满足人才培养的基本要求，又充分体现学校教育的独特性、针对性。

(三)课程建设的内容

(1)课程教学团队建设。师资队伍数量与质量是决定课程质量的重要因素，课程建设应有一支工作责任感强、学术水平和教学水平较高、教育教学理论扎实、教学经验丰富、结构合理的队伍作为保障。

(2)课程内容建设。课程内容是根据课程目标，有目的地选择各种直接经验和间接经验的知识体系，它是课程的核心要素。教学内容的科学性、先进性、思想性，是保证课程教学质量的基础。课程内容的合理性程度，制约着教育目标和课程目标，影响着人才培养质量。因此，课程内容既要符合学科要求，又要注意学科交叉性。在实验课内容设计上，应注意内容的技术性、综合性和探索性，有效地培养学生的创新思维和独立分析问题、解决问题的能力。在内容的组织安排上，要加强理论与实际的联系，融知识传授、能力培养、素质教育于一体。

(3)教学方法与手段选择。教学方法和手段是为达到教学目的和完成教学任务所采取的途径，是教学过程中不可或缺的因素或组成部分。高等学校教学方法的选择应注重学生知识、能力与综合素质的培养，利用现代教育技术手段，充分发挥学生学习的自主性，有效调动学生学习的积极性，促进学生学习能力的发展。

(4)教学条件建设。教学条件建设应包括教材及相关资料、实践教学条件、网络教学环境等内容。教材是教学内容的载体，是学生学习的主要依据。选择教材时应统筹考虑学科发展、社会需求和学生发展。实践教学条件是保证学生技能培养的重要条件，应有利于课程知识的传授与学生综合创新能力的培养。如网络教学环境的建设有利于学生自由选择学习时间和自主学习。

(5)教学文件建设。科学、有效的课程建设管理制度是课程建设顺利进行的有效保障。高校应立足学校实际，制订科学的课程规划、严格的课程考核制度，以及多元化的课程管理与评价机制。

(四)课程建设的要求

高等学校课程建设的基本要求：①教学大纲要富有特色；②要有合适的教材和配套的实验实习指导书；③教学资料要完整、规范；④考核手段要科学、合理；⑤要有一套有效的教学方法，可获得良好的教学效果；⑥拥有能满足教学要求的教学设计。为此，学校课程建设应根据课程在人才培养中的重要程度、课程已有的水平，分期分批进行，做到有重点、有层次，保证操作规范，并落到实处。

第一层次：在全校范围内，分批选择一些基础课程作为重点，进行课程建设，这也称为校级课程建设。这个层次的课程建设常常选择那些很多专业都必须开设的必修课，如一些公共必修课或基础课，如英语、高等数学、物理、化学等，这些课程听课学生多，涉及专业广，影响范围大。其中效果较好的课程，可推荐参加省级、国家级重点(精品)课程的遴选。

第二层次：这个层次是以学院为单位进行的课程建设，所以也称为院级课程建设。一个学院也代表一个学科群，虽然由多个专业构成，但这些专业之间存在较多的共性，相互之间的联系也较为紧密。对这一层次的课程进行建设时，应注意避免与第一层次重复。在具体操作上，也应分批分期进行，先考虑本院内部涉及面较广的专业基础课或技术基础课。

第三层次：这个层次是以系(教研室)为单位的，所以也称系(教研室)课程建设。同上两级的课程建设一样，教研室也应做好本系课程建设的长远规划，使课程建设有计划、有步骤地分期分批进行，但每批选择的重点课程以一门为宜。学校、学院、系(教研室)层次的课程建设还可以根据课程已有的教学水平，确定不同的建设目标。

三、课程管理

(一)课程管理的概念

课程管理的主要内容是对课程政策、课程方案、课程制度做出规定，它是学校行政管理的一个重要组成部分。从系统理论来看，无论课程的决策和设计、课程文件的编订，还是课程的实施及课程结果的评价，都离不开课程管理。课程管理是指在一定社会条件下，课程管理者对一定课程系统的人、财、物、课程信息等进行决策、计划、组织、协调和控制，以有效地实现课程系统预期目标的活动。

(二)实施课程管理的意义

(1)加强课程管理，是正确组织和实施课程系统工程、提高课程建设水平的基础。

(2)加强课程管理，可通过组织、协调、控制等手段，使课程实施所急需的经费、设备、师资、教材等发挥最大的效益。

(3)加强课程管理，可有效促进课程系统的顺利运行。一方面，通过对课程建设的研究、对课程实施过程的管理以及对课程实施结果的评价，可做出课程建设或课程改革的决策，使课程系统朝正确的目标前进；另一方面，通过协调课程系统运行与教学系统、考试系统、教育管理系统运行的关系，能及时解决所存在的矛盾，使各系统协调运行。

(4)加强课程管理，有助于加强学校各类课程的建设，明确校、院、系(教师)课程建设管理的职责，为课程质量提供组织与制度保证。

(三)课程管理的主要内容

课程管理是高等学校管理的一个重要组成部分，主要包括对课程设计的管理、对课程内容的管理、对课程实施的管理，以及对课程评价的管理。对课程设计的管理，主要是通过培养目标确定课程设置(教学计划)；对课程内容的管理，主要是选择课程及课程教学内容，如编写教材、编制课程教学大纲等；对课程实施的管理，主要包括校历制定、课表编制和课堂教学管理；对课程条件的管理，主要包括师资、教具、设施(备)等的建设与配置；对课程实施结果的评价管理，主要包括对学生考核与成绩以及课程效果的管理。

(四)课程管理的机制

我国高校课程管理结构系统主要由管理机构、管理内容、管理手段等组成。随着高校人才培养模式改革和管理体制改革的不断深入，一些新的观念相继被引入课程管理领域，如民主化、人性化、分权化、多级化、信息化、选择性、服务意识、竞争意识、创新意识等。高校课程管理运行机制，应立足于“育人为本”的办学宗旨，在深入研究课程发展规律的基础上，有意识地将各种先进的管理理论和管理方式与传统管理中的合理因素有机结合起来。

(1)课程决策管理的民主审议机制。在课程权力由单级变为多级，课程主体逐渐走向多元化的新趋势下，专家、教师、学生、家长、课程管理者等应参与课程的建设，同时这种参与也应从制度和途径上得到充分保证，以加强课程决策的影响力和监督力。

(2)课程开发管理的咨询、服务机制。课程开发活动涉及课程资源的开发、专业课程(教学)计划的制定和各类新课程的创设。由于高校课程开发已经由集中控制向分级负责转变，各院(系)将直接负责本部门的课程开发工作，各专业教学人员也都将直接参与到课程开发中来，因而校一级的课程管理应由主要负责开发转变为主要服务于开发。除了保留已有的课程审定职能外，行政管理部门在课程开发中的咨询、服务职能也应得到强化，从而为课程开发的顺利进行铺路搭桥。

(3)课程编制管理的选优劣汰机制。课程编制活动主要是指对各门课程的设置标准、教学(实验)大纲、考试大纲、教材及教学辅助材料等内容的编写制定。不同课程编制者编制的课程千差万别，这给课程管理增加了难度，因此应建立一套合理规范的选优标准，以促进课程编制与选用的公平公正。

(4)课程实施管理的“刚柔相济”机制。课程实施管理是一个相当烦琐的过程，尤其是在学分制条件下。从课表排列、教师授课到学生选课、课程考核，既要有规范性的制度约束，又要有开放性的机制保障。而要在管理上做到“活而不乱，严而不死”，就必须形成一套“刚柔相济”的管理运行机制。所谓“刚”，即建立一整套规范化、制度化的保障体系，使课程实施的各个环节均有章可循；所谓“柔”，即注意课程管理的灵活性和弹性，在学生选修、免修、重修，学分和成绩认定，选择教师等方面的安排上可以有一定的灵活度和开放性，如学生可以自主选择部分课程，自主选择修读方式和修读时间，自主选择老师等。这将有利于发挥学生的特长和主动精神，使课程管理真正成为促进学生发展的有力手段。

(5)课程评价管理的导向、激励机制。课程评价是管理部门综合评定课程发展水平的一种重要方式。要充分发挥课程评估的促建功能，就必须努力形成课程评估管理的导向、激励机制，这既要重视采用评先奖优的激励措施，更要加强课程建设过程的管理，引导课程建设工作不断走向规范化和优质化。

四、课程评价

课程评价是指研究课程价值的过程，即以一定的方法、途径对课程的计划、活动以及结果等有关问题的价值或特点做出判断的过程，它主要由判断课程在改进学生学习方面价值的那些活动构成。评价在课程中的作用主要有：诊断课程，修正课程，比较课程的相对价值；预测教育的需求；确定课程目标达到的程度等。客观、科学、合理的课程评价既是高校提高课程质量的重要手段，也是学校主管部门实施宏观管理的重要手段。课程评价有狭义与广义之分，广义的课程评价涉及以下几点：一是对课程方案（包括教学、计划、教学大纲和教材）制订过程的评价；二是对课程方案制订结果的评价；三是对课程方案实施过程的评价；四是对课程方案实施结果的评价；五是评价工作，即我们常说的狭义的课程评价，其宗旨在于检查学生是否通过课程学习达到了预定目标。

（一）课程评价原则

（1）发展性原则。发展性原则是针对评估与目标之间的关系提出的。它的基本要求是利于课程教学质量的提高和学生身心的全面发展。评价为课程与教学目标服务，课程与教学目标则制约着课程与教学评价的实施。发展性原则是基于课程评价与教学目标之间的各种不同关系而提出的准则，它要求克服课程评价左右课程与教学活动的现象，使课程与教学评价为课程与教学目标服务，以发挥课程评价的教育功能。

（2）科学性原则。课程评价的标准和方法，都应科学地设计和安排。在课程评价时，应克服各种各样的科学性失误，比如评价标准不具体、不明确、不合理，评价程序不严密，评价结果不符合实际等。

（3）客观性原则。在课程评价中应准确、全面地收集评价对象的信息，并按照事实公正地进行价值判断。它关注的是如何在课程与教学评价中减少评价者个人的主观因素的影响。在课程与教学评价中，评价主体个人的兴趣爱好、价值观念、情感倾向和人际交往等主观因素如果影响着评价的结论，往往会导致评价结论的失实、失真。客观性原则强调的是努力消除主观因素的干扰，追求评价结论与客观事实的一致性。

（二）课程评价目的

课程评价的最终目的是提高课程办学水平，提高教学质量。具体来说，主要包括以下三个方面：

一是加强教师的教学主导作用，提高教师的教学积极性。教师是实施教学工作的主体，在课堂教学中处于主导地位。教师的素质、能力、水平以及工作积极性和创造性是提高教育教学质量的关键。另外，课程评价具有诊断课堂教学状态的作用，通过评估来发现不足，有利于教师有针对性地改进教学工作。

二是加强教学基本建设，促进教师的教学科研工作。课程评价是依据一定的指标体系对课程教学工作做出的价值判断，因而具有导向作用。一方面，教师在参与课程评价的过程中可以全面了解课程教学的一般规律和国家的现实要求，并结合指标体系内容加强课程教学的硬件建设；同时，根据指标体系所反映的教学工作质量标准，加强备课、授课、辅导、批改作业等教学软件建设。另一方面，课程评价也能促进教师的科研工作，帮助提高教师的专业水平和业务能力。课程评价的指挥棒作用必将引导教师努力钻研本学科的问题，使自己的课堂教学内容始终站在学科前沿；更为重要的是，课程评价可以引导教师认识和探索教育教学规律，促使教师积极研究教学内容、教学思想、教学方法，这对提高教师业务能力、推动教学改革、提高课程教学水平和人才培养质量具有至关重要的作用。

三是强化教学管理工作，提高教学管理的效率和水平。课程评估从本质上说是一种教学管理手段，其目的是要建立起以评估为核心的教学质量监控体系。一方面，课程评估能使学校教学管理部门全面准确地获得课程教学工作的基本信息，从而对课程教学过程实施有效的监督和控制；另一方面，课程教学评估能将教学过程管理数据化、信息化，这将有助于实现学校教学管理工作的制度化、自动化、现代化和科学化，从而提高教学管理的效率和水平。

（三）课程评价的类型

（1）以主体为依据来分类。以评价主体为依据，课程与教学评价可分为他评价与自评价。

①他评价。他评价是指作为非评价对象中的其他主体对评价对象的评述。他评价主要是学校方面（学生、同行教师和领导）对教师授课质量的评价，此外还有家庭评价和社会评价。

②自评价。自评价是指评价对象作为评价主体对自我进行的评价。经常进行自我评价活动可培养自我判断和自我发现的能力。此外，自评价还有利于促进自我教育和自我完善。

（2）以评价标准为依据来分类。依据评价标准的不同，课程评价可分为相对评价、绝对评价与个体内差异评价。

①相对性评价。相对性评价是一种依据评价对象的集合来确定一个评价标

准，然后利用这个标准来评定每个评价对象在集合中的相对评价的评价类型。相对性评价是以某一类评价对象群体的整体状况作为参照，无论这个群体的状况如何，都可以在群体内部进行比较，故其适应范围较广。

②绝对性评价。绝对性评价是一种在评价对象群体之外，预定一个客观的或理想的标准，并运用这个固定的标准去评价每个对象的评价类型。其标准不受评价对象群体状况的影响，评价结果的好坏只与对象自身的水平相关。绝对性评价特别适用于以鉴定资格和水平为宗旨的课程与教学评价活动。只要评价过程是科学合理的，那么绝对评价的结果就可在很大程度上表现出评价对象掌握客观标准要求的水平。在实际工作中，确保评价标准的稳定性、客观性和准确性，是提高绝对性评价科学化水平的关键。

③个体内差异评价。个体内差异评价是一种把每个评价对象个体的过去与现在进行比较，或者把个体的有关侧重相互比较而得到评价结论的评价类型。它以评价对象个体的自身状况作为参照，一般有两种方法：一种是把评价对象的过去与现在进行比较，以断定评价对象的发展状况；另一种是把评价对象的某几个方面进行比较，以考察评价对象的长处与不足。个体内差异评价照顾到了评价对象的个体差异，不会给评价对象造成竞争压力。同时，可综合和动态地考察评价对象的发展变化。

(3)以评价作用为依据来分类。依据评价所起的主要作用的不同，课程评价可以分为诊断性评价、形成性评价与终结性评价。

①诊断性评价。诊断性评价是为了使课程适合于学习者的背景和需要而在一门课程或一个学习单元开始之前对学习者所具有的认识、情感和技能方面的条件进行的评估。诊断性评价旨在促进学习，并为不同的学生设计一种可以排除学习障碍的课程方案。诊断性评价可以在课程开始前进行，也可以在教学过程中进行。

②形成性评价。形成性评价也叫过程评价，是在课程研制、课程教学过程和学习过程中对课程的编制、教师的教学、学生的学习动态状况进行的系统性评价，其目的是及时了解活动的效果，及时反馈信息，以便及时修正、调节和强化。这种评价的结果主要用于改进工作。形成性评价的作用主要有：改进课程的编制、教师的教学和学生的学习；为进一步学习定步；便于教师了解学生情况，合理地确定下一阶段的任务。形成性评价可使学生及时获得成功的体验，从而强化学习结果和动力。

③终结性评价。终结性评价是在课程与教学活动告一段落时，为了解并确定其成果而进行的评价。终结性评价有三个基本特点：在目标上，是对整个课程与教学活动或在某个重要部分上所取得的较大成果进行全面评定，并给学生评定成绩；在内容分量上，着眼于学生对某门课程整个内容的掌握，常常分量大而频率低；在测试内容的概括性上，其概括性水平较高，测试题目多为知识、技能、能力等多种因素的综合体。终结性评价是在课程结束后进行的旨在评价学生是否已达到课程目标要求的概括性水平较高的测试和成绩评定。终结性评价在课程教学工作中的作用主要有：第一，为学生评定成绩，通过终结性评价，确定学生的学习状况，从而对学生的学业成就做出整体的价值判断；第二，预测学生在后续学习中成功的可能性并确定学生在后续学习中的起点；第三，为学生提供学习反馈。终结性评价能使学生明确整体的学习效果，并对学生的学习动力产生重要影响。

(四)课程评价的主要内容

高等学校的课程教学是整个学校工作的一个组成部分，它涉及学校工作的各个方面，因而课程教学水平是学校各种综合因素作用的结果。

(1)师资队伍水平评估。教师是课程教学的主体，教师的水平是决定教学质量的关键。因而，师资水平应当是评估课程教学水平的首选指标。师资队伍水平可以从两个方面去评估：一是要看师资队伍的结构是否合理。对师资队伍结构的评价包括年龄结构、职称结构、学历结构、学缘结构等。二是要看教师的教学与科研水平如何。主要考察教师参加教学改革与科学研究的状况，看教师能否根据社会的需要和科技的发展，积极更新教学内容，优化教学体系，了解教师知识结构的深度和广度，了解教师所承担的各级科研课题及完成情况(包括专著、教材、论文发表等)。

(2)教学条件建设水平评估。一是要看教学实验条件的建设情况，如实验设备的完好状况和使用效率、实验课的开课情况、专职教师和实验人员的配备情况。二是要看课程的教材及教学文件的建设情况，看教材的内容是否具有先进性和适用性、课程的教学大纲及教学文件是否得到了贯彻落实、课程教学手段是否有利于课程内容的讲授。

(3)课程教学管理水平评估。一是要看教研室是否配备了本门课程的教学大纲、教学日历、近期教学计划等教学文件，以及是否制定了落实这些文件的保障制度。二是要看教研室的管理制度，看是否建立了教研室教学管理的制度，如主讲教师负责制度、任课教师集体备课制度、教师听课制度、教学检查制度等，以及这些制度是否具有约束力，是否得到了严格执行。三是要看教研室的实际教研活动的开展情况，通过座谈、查阅记录、询问上级主管领导等方式，了解教研室是否积极组织教师开展了教学研究活动，以及教学研究是否提高了课程教学质量和水平。

(4)课程教学过程水平评估。一是要调阅教师的教案(讲稿)，考察教师的备课情况，看教师是否深入研究了教材，是否了解学生的学习基础和接受能力，所准备的教学内容是否与教学计划一致，是否准备了适用的教学用具等。二是要在课中考察教师的教学环节，通过随堂听课、看教师的仪态仪表、观察教师的教学态度、体察学生的课堂反应、考察教师所用的教学方法来了解教师的实际教学能力，包括表达能力、板书能力、控制教学秩序的能力、把握教学节奏的能力、处理突发事件的能力等。三是要在课后了解课堂教学效果，通过座谈和谈话，了解学生对课堂教学的意见或建议，并通过对学生的考查或测验，了解课堂教学的质量和效果；通过跟踪调查，看是否布置、检查和认真批阅了作业，是否有正常的教学质量信息反馈渠道，对学生的要求、意见和建议是否认真对待和处理。

第三节 网络课程资源建设

2015 年 4 月，《教育部关于加强高等学校在线开放课程建设应用与管理的意见》(教高〔2015〕3 号)文件发布，要求各地各高校积极推进在线开放课程的建设与应用，探索在线开放课程学习认证和学分认定制度的建立。2017 年国务院印发的《国家教育事业发展“十三五”规划》指出，要拓展教育新形态，以教育信息化推动教育现代化，积极促进信息技术与教育的融合创新发展，努力构建网络化、数字化、个性化、终身化的教育体系，形成人人皆学、处处能学、时时可学的学习环境。在“互联网+”背景下，传统的常规教学模式已远远不能满足信息大爆炸时代对教育教学的要求，因此，务必要将信息技术与教育教学过程高度有机融合，才能够满足新时代、新经济形式下对人才培养的需求。

一、在线学习与网络教学

随着以大数据、云计算、物联网、人工智能为代表的现代信息技术的迅速发展，人类进入泛在网络时代，人们的生活模式和生产行为发生了诸多颠覆性变化。而泛在网络时代的现代教育中，数字教学资源正在发挥巨大作用，为学习者提供了多样化的在线学习资源和网络教学模式。

（一）微课与翻转课堂

微课是一种教师在课堂内外教育教学过程中围绕某个知识点（重点、难点、疑点）或技能等单一教学任务进行教学的教学方式，核心内容是课堂教学视频，其具有目标明确、针对性强和教学时间短的特点，是在线开放课程建设的微单元。目前，以微视频为主要形式的微课已成为慕课网络平台的基本学习单元。微课的视频时长一般在10分钟左右，记录着教师在课堂内外教育教学过程中，围绕一些知识重点、难点、疑点或某个教学环节而展开的教与学相关活动全过程。在教学内容上也突出以多角度、多手段的应用来展现知识内容，从而形成对学生学习的多种形式的刺激。

在教学计划实施的过程中，教学课时的设置不仅要保证在一定时间内完成相应的教学目标，还要保证在教学过程中维持学生的注意力，由此才能达到良好的教学效果。在课程教学中，教学可以采用微课课时与课堂课时有机结合的方法，对课堂教学计划进行改革。在课堂教学中使用微课，能避免由长时间播放网络视频资源而引起的学生注意力减损的状况。在课堂教学过程中，教师可以通过提问、分组讨论等方式来提高学生的注意力。在教学过程中，采用微课10分钟与课堂教学35分钟相结合的模式是较合适的。微课按课堂教学进程可分为课前复习、新课导入、知识理解、练习巩固及小结拓展几个环节。为了达成教学目标，在教学计划的任意阶段都可以加入10分钟的微课。

翻转课堂是一种新颖而有效的教学方法，它以学生为中心，强调学生的个性化学习，重点是学生在课下对基础知识的自学，教师的课堂讲授只是一种引导。在课堂上，学生要参与各种各样的教学活动，而这些教学活动必须要提前完成课程预习、作业等任务后才能参与。翻转课堂能在课上环节为学生提供许多挑战，从而迫使其课下学习各类知识，这种方法能够有效提升学生的学习动力和兴趣，让其对学科知识有更深入的理解。在“互联网+”背景下，翻转课堂主要是利用互联网资源、计算机技术来促使学生学习某一课程的基础知识，让学生自主掌握学习进度的教学方式。通过线上线下相结合的方式，可构建“先看—再讲—后练”的一体化教学模式。课前，教师布置预习任务，学生通过观看微视频和 PPT 进行学习，将问题通过平台反馈给教师；课上，教师根据学生的反馈进行有目的、有重点的讲解；在此基础上，学生再进行练习及巩固。

(二)慕课与在线学习

网络教学中应用最广泛的是慕课(MOOC)，它能打破教室的限制，让知识为所有人共享。在“互联网+”背景下，学生可以非常便捷地从网上找到国内外众多精品网络在线课程，不出校门就可以在慕课平台上学到其他高校的特色课程。

(1)慕课的本质与特征。慕课是由国外高校创建的一种新型、现代化的教学模式，是为了加强知识的传播、追求教育的平等、实现资源的共享而在互联网上开放的课程。其本质属性是大规模开放在线课程。这里的“大规模”主要指学习者的大规模参与和教育范围的大规模覆盖，这一特点在很大程度上扩大了教育的辐射范围和受众群体；开放性即等同于共享性，指依托于现代媒介技术的慕课教学模式是面向全员开放，能够使得优质教育资源突破校际壁垒，从而达到极大范围内的共享；在线性则是指慕课突破了学习方式的时空局限，使得学习方式更加灵活、教学内容更加多元、教学过程与交流也更为开放。

(2)慕课的优势。慕课充分利用在线课程平台，可以满足学生个性化、多样化的学习和发展需求。慕课有三个显著特征：①开放性。课程设置、学生的学习过程及教学师资对所有用户开放。②实时性。视频课程内容的更新，学生学习活动、学习效果的反馈都能实时显示。③个性化。海量的网络课程资源涉及不同学科的各个领域各个方面，学生可以根据自己的爱好与需求对网络资源进行个性化的筛选和甄别，同时，能够根据自己的时间安排与兴趣爱好决定学习过程的快慢程度。

(3)慕课的劣势。MOOC 作为新技术的教学形式，在某些程度上可以激发学生的学习兴趣，但 MOOC 本身并不能解决学习动机问题，没有学习动机的人是不可能有学习效果的。有观点指出，我们虽在“形”上实施了翻转课堂，却没有做到“神”似。虽录制了视频，但没能有效激发兴趣。另外，在线学习的随时随地性也可能破坏学习的循序渐进性，碎片化的学习容易在认知的获得和信仰的形成之间形成某种障碍。可见，慕课“碎片化”的学习方式对于保持学习内容上的连贯一致有很大的不利影响。慕课作为网络课堂的主要载体，其特性远非传统课堂所能及，其原因为：一方面，其展示教学的方式是通过单一的视频模式来呈现，学生长时间观看视频难免觉得枯燥；另一方面，其海量的网络课程资源容易让学生的学习过程变得随意，使其难以把握该课程的课程目标和课堂教学计划中的教学目标。

(4)在线教学与课堂教学相结合的新模式。在线教学与课程教学相结合的模式，即线上、线下相结合的混合教学模式。首先，教师可以利用慕课，让学生对先修课程的相关知识点进行复习，在讲到具体课程内容时，再让学生翻看慕课平台上相关的教学视频等，然后以提问、讨论的方式对他们进行考核。其次，针对教学计划中的重点、难点内容，教师可以在传统课堂讲授的基础上，要求学生观看和学习慕课平台上相关内容的视频资源，这样做一方面可以弥补课堂教学中学生对抽象概念理解不足的缺点，另一方面可以帮助学生消化知识并进一步深化，从而使其牢固掌握这类知识点，提高学习效率。在“互联网+”背景下，采用在线教学与课堂教学相结合的模式，需要教师在传统课堂教学过程中对课堂教学目标进行把握和指引，这样才能让两种教学模式互补。

(5)在线开放课程建设理念与思路。在线开放课程和以往的精品资源课程存在本质区别，精品资源课程是以普及共享优质课程资源为目的，试图利用现代信息技术手段，加强优质教育资源的开发和普及，进一步提高高等教育质量的教学模式，而 MOOC 等在线开放课程力求教学全过程的在线化，甚至将在线学习与学分、学位、就业衔接，因此，在线开放课程建设中应坚持过程导向、应用导向的理念。在新一轮在线开放课程的建设过程中，应坚持移动学习、泛在学习和“以学为中心”的理念，坚持优质教育教学资源共享，稳步推进学校在线开放课程建设。移动互联网时代的高校教学变革与发展，应充分考虑移动学习和泛在学习的重要性。基于在线开放课程的翻转课堂和混合式教学方式正逐渐成为一种新型的课堂教学模式，其不仅能够充分发挥高校在线开放课程建设的效用，较好地提高课程利用率，还能够有效地提高课堂教学质量，促使学生主动学习，培养学生的创新精神和实践能力。

(三)SPOC 混合式教学

SPOC(small private online course，小规模限制性在线课程)，目的是形成个

性化数字课程。开发移动 SPOC 的主要工作是拍摄微课程，微课中，每门课程由很多个微视频构成，每个微视频的时间为 5～15 分钟。微课作为开展 SPOC 的基础性教学资源，是建设 SPOC 的工作重点。微课是根据重点来实现视频资源的设置的，其由专业教师进行整体规划与设计，并通过专业摄像团队进行制作，其中包含宣传片和课程片头的制作。SPOC 课程设计，则是依据在线学习的特点把微课和测试、讨论、答疑等教学活动融入一个学习路径中。

(1)基于 SPOC 的数字化教学资源平台特点。①校内、在线教学的有机融合。基于 SPOC 的课程移动数字化教学资源融合了移动交互式数字教材、微课、SPOC、教学资源库、移动教学互动、翻转课堂、教学管理和教学评价等多种元素，既能够提升学生学习的兴趣，又能协助老师进行移动信息化教学。②低成本打造可持续发展模式。MOOC 建设花费了高昂的成本，对校园内班级模式的教学作用却不大。SPOC 面向校内外都是班课模式，老师只需要投入一次就可以完成适用于校内外的课程设计和组织建设。③转变教学方式，重新诠释教师影响力。SPOC 可以使教师更好地与校园结合。课前，教师是课程资源的学习者和整合者；课堂上，教师是课程学习指导者和促进者，他们组织学生分组研讨，随时为他们提供指导，共同解决遇到的难题。SPOC 创新了课堂教学模式，激发了教师的教学热情和课堂的教学活力。④完善学习程度，提高课程完成率。SPOC 可以给那些通过特别筛选的学生提供课程的定制，这样不仅能够使学生获得更好的课程体验，而且能够防止辍课率较高以及完成效果不佳等状况发生。⑤教学数据汇总展示，提供教学数据。平台能够汇总过去和当前所有开课课程、教学资源数量、教学活动数量、教学活动累计次数、学生教材学习行为数据、学生 SPOC 平台学习行为数据、学生课堂移动互动学习行为数据等信息。通过数据分析，教师能不断改进教学方式或方法。

(2)SPOC 混合式教学改革方向。①把握教学混合“度”，持续激发兴趣点。混合教学如何混合是 SPOC 教学改革的关键问题，一是时间分隔，二是内容区分，三是方法选择。具体来说，线上线下教学时间比例为 1∶4 或 1∶3 时可能为最佳，这样既能帮助学生充分理解教学内容，又不会使学生产生疲劳感。理论性强的或难理解的要重点讲解，实践性强的或容易理解的可以视频讲解，其目的在于持续激发学生兴趣。②选择精彩案例，丰富教学内容。从学生的角度来说，选择通识课主要是兴趣导向，而案例和教学内容就是学生最为注重的两个教学质量评价因素，因此，选择精彩案例和丰富教学内容一定是教师备课的关键所在。一个好的案例可能需要多年的积累和精心的选择，因此，案例和内容最能体现教师的“功力”。③重视师生互动，累积“名师”效应。“名师”效应的确能吸引学生选课，学生评价教学效果好的教师会吸引更多学生选课、听课，从而使教师更努力备课，形成正向循环。④制作优质视频，提高教学效率。目前，学生反映 SPOC 课程不太理想之处就是在线课程中的视频制作质量不高，与知名公开课相比，有些视频制作得比较粗糙，教师形象也比较呆板，美观程度也不高。SPOC 混合教学能够为学生提供更好的学习体验，为高校教育质量提升做出更多的贡献。

二、教学设计与稿本撰写

教学设计必须以现代学习理论为依据，教学设计的方案和措施要符合教学规律。要想达到最佳的教学效果，就必须按现代教学理论和学习理论的原理设计、组织、实施教学。

(一)信息化教学设计

所谓信息化教学设计，就是运用系统方法，以学生为中心，充分、合理地利用现代信息技术和信息资源，对教学目标、教学内容、教学方法、教学策略、教学评价等教学环节进行具体策划，创设教学系统的过程或程序，以更好地促进学习者的学习。信息化教学设计的目的是在教学设计理论的指导下，充分挖掘信息化环境在提高学生学业成就上的巨大潜力，使学习者的学习过程得以优化。信息化教学设计可以使原来的内容导向转变为教学导向，使学生由被动接受学习转变为主动探求学习。

(1)信息化教学设计的基本思想。①强调以学生为中心。②强调自主探究。③强调情境对意义建构的重要作用。④强调协作学习对意义建构的关键作用。⑤强调学习环境的设计。⑥强调利用各种信息资源来支持学习。⑦强调采用多元评价方式。⑧强调学习过程的最终目的是完成意义建构。

(2)信息化教学设计的基本原则。①注重情境的创设与转换。信息化教学设计应该注重情境的创设，使学生经历与实际类似的认知体验，同时注重情境的转换，使学生的知识能够自然地迁移和深化。②充分尊重工具和资源的多样性。信息化教学设计注重对信息技术工具和信息资源的使用。③以“任务驱动”和“问题解决”作为学习和研究活动的主线。学习活动通常可以围绕某一问题或主题而展开，这些内容通常来自现实学习和生活中的一些具体事例。学生通过对问题和主题的主动探索，可以体验学习的快乐，培养学习的兴趣。④学习结果通常采用灵活的、可视化的方式进行阐述和展现。在学习活动结束时，学生应当对自己的学习结果进行总结和展示，通常以研究报告、演讲、讨论等形式展开。⑤鼓励合作学习。信息化教学中，学习者通常是以小组合作或其他协作形式展开学习，在学习过程中互相帮助，共同完成任务。⑥强调针对学习过程和学习资源的评价。信息化教学设计是一个连续的、动态的过程，在学习过程中，教师通过不断的质量评估，以过程性评价的方式达到最终目的。

(3)信息化教学设计的步骤。①分析单元教学目标。确定学生通过教学应该达到的水平或获得的能力。②设计学习任务和问题。根据单元教学目标，设计真实的任务和有针对性的问题。③查找和设计信息资源。根据任务和问题以及学生的学习水平，确定提供资源的方式，可以要求学生自己按照学习目标查找资源，也可以提供现成的资源给学生。前者要求教师设计好要求、目的，后者要求教师寻找、评价、整合相关资源或提供资源列表。④设计教学过程。梳理整个教学过程，使之有序化，一般情况下应写出文字的信息化教案。⑤设计学生作品范例。在教学过程中，如果要求学生以电子作品的方式完成学习任务，则教师应事先提供电子作品的范例，使学生对将要完成的学习任务有一个感性认识。⑥评价和修改教学设计过程。在教学设计过程中，评价修改是随时进行的，贯穿于设计过程的始终。

(4)信息化学习资源设计与开发策略。学习资源设计与开发的策略主要包括目标制定策略、内容组织策略、媒体选择策略、投递策略等。这一阶段对“教”的考虑较多，各环节有一定的先后顺序，但环节之间也相互影响。①目标制定策略。网络教学目标的制定要依据学习者的需求与特征来进行。教师在制定教学目标时，要充分考虑学习者的学习需求、学习目标，注重知识与技能目标的结合，同时注重能力与技能的培养。②内容组织策略。在选择和组织网络教学的内容时，要遵循“精而实用”的原则，加强教学与实践的联系，使所学知识既能与已有知识结合，又能直接应用于实践活动。③媒体选择策略。媒体的选择应依据学习者的需要、教学内容的特点而定，并不是媒体越先进，效果就越好，关键在于能否更好地呈现教学内容，帮助学习者更好、更快地理解内容。

(5)学生支持服务策略。在此阶段，考虑更多的是学习者的“学”，教师是学习的引导者、督促者和学习环境的创设者。各种策略的实施，可帮助促进学生的学习。这一教学阶段具有更多的动态特征，因此，网络教学策略的建构与运行主要是对网络教学活动进行有意识的监控、评价、反馈、调节，尽可能地协调好教学活动中各要素间的关系，使教学过程最优化，更有效地完成学习目标。①引导策略。引导内容主要有网络学习的观念、方法、过程，课程学习的目标、方法、技能等，资源获取途径，问题解决与求助方法。②交互策略。交互是网络教学过程中最重要的环节之一，教师可以确定一个明确的、有激活性的主题或一个亟待解决的问题作为话题，鼓励学生进行深层次的理解与沟通，激发学生积极思考的动力和积极性。除此之外，还可以通过电子邮件等方式对学习者进行个别指导与帮助。③监控策略。要督促学习者顺利完成学习任务并保证教学质量，就要及时、主动地了解学习者的学习情况，对其学习过程进行一定的监控。④评价策略。网络教学评价的目的是促进学习者的学习，要通过各种反馈，让学习者学会自我评价、自我调控。

(6)网络教学策略。网络教学策略是指在特定的网络教学情境中，为满足学习者的需要和顺利完成教学任务，教师与学习者共同对教学活动进行调节和控制的一系列措施和行为执行过程。这种调节与控制是以对教学目标、教学内容、教学对象、教学环境等要素的分析为基础，系统运用教学方法、教学手段、教学模式，对教学过程优化处理的过程，因而具有系统性特点，它要求教师对教学策略的内涵有很好的理解，并对教学策略的构成要素及其要素间的作用有准确的把握。

(二)网络课程规划设计

(1)网络课程规划设计的基本原则。设计网络课程时，除了要遵循教学设计的原则外，还应遵循以下课程规划原则：①个性化。网络课程要以学生为中心，体现学生学习的个性化。学生是学习的认知主体，学习的过程是学生通过主动探索来发现问题、提出意见的过程。因此，教师应重视学生作为认知主体的作用，为学生提供个性化的学习服务。②交互性。网络课程中的交互主要包括学生与教师之间的交互、学生与学生之间的交互、学生与学习材料的交互。在网络课程的结构设计上，应该有在线讨论、论坛等互动模块，以提高网络课程的交互性。③开放性。网络课程要对学习者开放，让学习者按需参与。对于同一知识内容，可以提供不同角度的解释和描述，让学生对多种观点进行辨析与思考。④动态性。随着技术的迅速发展，知识老化的周期日益缩短，网络课程的内容需要不断更新，及时吸取本领域最新的科研成果和前沿信息，保持学习内容的鲜活性。⑤共享性。网络最大的优势在于资源共享，在设计网络课程时，要注意体现共享性。对于重要知识点，可通过提供链接、网址资源等多种方式引入丰富的动态学习资源，以供学习者使用。⑥可评价性。要重视评价反馈的设计，及时了解学生的学习情况，针对学习者的学习情况和学习效果提供真实、有效的评价和反馈。在设计网络课程时，要提供考试的得分、错误答案的分析以及教师对习题作业的批阅结果等。

(2)网络课程的进程规划。一般的网络课程建设有如下几个阶段：①课程设计阶段。课程设计阶段由课程负责人与课程团队的所有成员共同研究、制定和确定。一是需求分析，找出该课程在学科领域中的特色，以及适合的网络平台风格。二是课程设计，即采用教学设计的原理与方法对课程进行设计。三是功能确认，即确定网络课程所在网络教学平台的各项具体功能。②资源建设阶段。资源建设阶段主要是在现有的网络教学平台系统上完成教学资源的上传与添加。目前，主流使用的网络教学平台主要有中国大学 MOOC、学银在线、智慧树等，平台资源建设主要包括资源采集、资源整理、资源上传、资源完善等方面。③运行管理阶段。运行管理阶段主要是将已完成并通过检测的网络课程转移到网络课程服务器，之后再投入使用，开展常规管理工作。这个阶段由技术人员完成，主要包括版本管理(对完成的网络课程进行版本管理)、数据备份(对完成的网络课程开展数据备份)、查杀病毒(对课程进行安全检查并查杀病毒)、发布运行(正式公布网址投入使用)。

(3)网络课程的基本框架。设计制作网络课程需要对内容进行精心设计。除了文件、教学文档、课件等资源外，教师还需要注意对课程简介视频、教师教学视频的准备，以及对互动教学资源的准备。一般来说，完整的网络课程主要由如下几个部分构成：①教学内容系统，包括课程简介、教学大纲、课程安排、教学课件、Web 教材、视频讲解、单元测验、单元作业、章节讨论、考试等内容。②诊断评价系统，包括形成性练习、达标测验、作业提交、作业批改、阅卷批改、成绩显示、结果分析等。③学习导航系统，包括内容检索、路径指引等。④协商交流系统，包括电子邮件、电子公告牌、讨论平台、答疑信箱等。⑤开放的教学环境系统，包括与教学相关的内容、参考资料、网址、电子图书等。⑥学生档案系统，包括学生账号、登录密码、个人基本信息、其他相关资料等。

(4)网络课程的结构设计。网络课程的结构体系由学习资源、课程用户、学习支持和教学管理四个层构成。①学习资源层是课程内容的展示层，主要向学习者展示网络课程的内容和相关资源，可以说它是学习资源的大集合，只要是与课程内容相关，并且学生有必要了解的资源，就可以放在网络课程平台上。②学习支持层主要是利用网络平台提供一些工具来支持教和学，如可以利用讨论版工具搭建学习论坛，可以发布调查问卷来开展调查，可以开设在线考试来检验学生对知识的掌握情况等。③课程用户层主要包含两类用户，一类是教师用户，另一类是学生用户。教师用户可以建设课程、管理课程、注册学生用户等；学生用户则能浏览课程内容、参与讨论和调查、进行在线考试等。④教学管理层主要是教师对课程进行管理，包括上传课程内容、组织教学活动、管理学生用户等。

(5)网络课程设计内容。网络课程设计是一个系统工程，设计的好坏直接决定了网络课程的质量和教学效果，其主要体现在以下几个方面：①课程内容的设计。教学内容是网络课程设计的主体。教学内容的设计应按照网络环境的需要和教学目标的设定进行合理分解与重组，并根据不同内容的知识特点选择不同的媒体表征形式，以便使教学内容适于以网络化的形式和手段表现出来。②课程交互设计。网络课程交互设计不仅要考虑教师和学习者之间的交流、学习者与学习者之间的交流，而且还要考虑教学支撑平台本身的交互性能。③课程导航设计。导航系统可以说是网络课程的“舵”，创建一个清晰、合理的导航系统，能帮助学习者高效利用网络课程开展学习活动。网络课程中的导航设计要清晰、明确、简单，符合学生认知心理。一般可以采用信息网络结构图来说明，如用下拉式菜单和折叠式菜单来提供检索机制。④学习评价设计。学习评价作为教学效果的检验方式，是网络课程设计的重要环节，尤其是在以学生自主学习为主的网络化学习活动中，恰当的评价不仅可以帮助学生提高学习效果，而且还具有激发学习热情、获取学习反馈等功能。评价要着重关注学生学习的过程和行为，注重培养学生的创新能力和解决问题的能力。

(6)典型的网络课程规划。根据不同的需要，网络课程的内容设置有所不同。有的网络课程以呈现教学内容为主，有的网络课程以提供课程资源为主，有的网络课程则以开展活动为主。①课程资源为主的网络课程。这类网络课程提供了丰富的资源来支持教学，为学生的自主学习提供了条件。如湖南农业大学的“互联网+现代农业”，该门课程提供了大量的教学资源，包括教学视频、课堂讲义、随堂作业、课后练习、教学相关资料等。②教学内容为主的网络课程。这类网络课程主要以教学内容的呈现为主，其目的是向学生提供课程的基本知识。如湖南农业大学的国家级精品课程“植物生理学”，该门课程建设有授课教案、教学课件、课堂录播、网络教学资源库等。③教学活动为主的网络课程。网络教学活动主要包括导学活动，讨论、答疑、协作学习活动，以及评价活动。如湖南农业大学的课程“数字时代学习力提升攻略”，就是利用讨论活动来实现课堂课后的讨论与交流，还提供了作业和试题，以便于学生在学习结束后进行自我评测。

(三)文字稿本与制作稿本

稿本设计包括文字稿本与制作稿本(脚本)。实际操作中，如果制作人员对课程内容熟悉，或是任课教师自己制作课件，则稿本设计内容可适当简化。要制作出方便、实用、效果好的课件，除了要有较好的制作技术外，关键还在于创意，即根据教学内容和教学要求，设计出符合教学规律的，能激发学生兴趣、揭示教学重点或难点的课件。而稿本正是创意的体现，是创意的初级表达。编写稿本的目的之一是指导制作者去进行课件制作，虽然可能有关于整堂课设计的教案，但教案更多的是一种由教师按照教学过程的先后顺序，将知识内容和呈现方式描述出来的形式，它还不能作为课件制作的直接依据。课件制作者一定对计算机软件很精通，但不一定了解各个学科内容和教学设计的具体问题，因而设计者必须交给制作者一套稿本，以确保其制作时有据可依。

(1)文字稿本的编写。编写多媒体课件的文字稿本，具有以下两个作用：一是体现教学设计思想。多媒体课件的开发，首先要进行的是软件的教学设计，即进行教学目标与教学内容的确定、学习者特征的分析、媒体信息的选择、知识结构的设计、诊断评价的设计等工作，而这些设计思路集中体现在课件的文字稿本中，所以说，多媒体课件的文字稿本是软件教学设计思想的体现。二是为制作稿本的编写打下基础。多媒体课件制作的最终依据是多媒体课件的制作稿本，但由于制作稿本中的内容较复杂，要一次性编写出来难度较大，它往往是在文字稿本的基础上改写而成的，所以编写多媒体课件的文字稿本，可以为制作稿本的编写打下基础。

文字稿本的编写包括学习者的特征分析、教学目标的描述、知识结构的分析、学习模式的选择、学习环境与情境的创设、教学策略的制订、教学媒体的选择设计等内容。①教学对象的说明。主要说明面向哪些类型的学习群体，学习者需要具备怎样的知识背景、认知结构和认知能力。②教学功能与特点的说明。主要详细说明其在教学上的功能与作用，特别是那些在传统教学中无法解决的问题。此外，还要说明在设计与制作中比较突出的特色。③使用方式的说明。主要说明应采取的教学应用方式，如教师课堂上辅助教学、学生自主学习、学生课外阅读学习等方式。④教学单元与知识结构流程图的表示。一套完整的网络课程资源通常由若干个教学单元(或章节)组成。知识结构是指各知识内容(知识点)之间的相互关系及其联系的形式。⑤教学单元的划分。单元划分一般要考虑教学目标的先后次序和连续性，还要在时间上加以限制。⑥知识点的划分。关于知识点的划分，一般来说有以下两种方法：一是按知识内容属性划分，学习内容可分为事实、概念、技能、原理、问题解决五类，不同类型的知识内容应划分为不同的知识点；二是按知识内容之间的逻辑关系划分，知识内容之间存在着条件与结论、原因与结果等逻辑关系，不同关系的知识内容应分为不同的知识点。⑦教学目标的描述。多媒体课件是用来进行教学的，因此，教学目标的确定十分重要，一套完整的多媒体课件由若干个教学单元组成，每个教学单元都要达成一个或多个独立的教学目标，整套课件的总体教学目标就由这些独立的教学目标组合而成，因此需要对每个教学单元进行目标描述，进而完成整个课件的教学目标描述。

(2)制作稿本的编写。制作稿本一般是由教学设计人员根据学科教师编写好的文字稿本，按照网络课程资源开发的要求编写而成的。制作稿本的编写包括系统结构的说明、主要模块的分析、课件的屏幕设计和链接关系的描述等内容。其中，屏幕设计、链接关系的描述等一般通过制作稿本卡片的填写来完成。所以，制作稿本通常是由系统结构与主要模块的分析和一系列的制作稿本卡片构成的。具体来讲，其主要由以下几个部分构成：①文字、图形、图像、动画、影像等窗口的大小；②文字内容、呈现方式和特殊效果等；③图形、图像颜色的搭配、入图、出图方式、特殊效果等；④旁白、音效、配乐；⑤交互方式(菜单、按钮、拖动等)；⑥按钮、图标的位置和大小；⑦每屏停留的时间；⑧启动按钮、热字、热区的触发交互点，转向的去处；⑨进入、退出本屏幕的触发交互点，转向的去处；⑩进入、退出本屏幕的路径和方式，注明画面的文本、声音。

(3)制作稿本的详细设计。一是超媒体结构设计。超媒体结构应基于超媒体结构框架和超媒体设计策略进行设计。超媒体结构设计包括节点、链以及由节点和链构成的非线性网络的设计，还包括导航图和导航方法的设计。超媒体结构设计是多媒体课件设计的核心内容。它既涉及学习内容及其结构的设计，又涉及学习流程的设计。超媒体结构中，节点间具有母节点和子节点的关系。节点间的链接通常由母节点指向子节点。母节点中的某一热字、按钮等被触动后，就可实现从母节点指向子节点的“航行”。二是人机界面设计。人机界面是评价多媒体课件的一项重要指标。人机界面设计给出了用户应如何使用多媒体课件的基本方法，它决定了课件的使用性能。人机界面的设计在很大程度上决定了多媒体课件的质量水平，可以说，它是决定课件操作性能的重要内容。人机界面的设计要具有一定的连续性。所谓界面设计的连续性，是指课件中同样的操作要具有同样的效果。具有同样操作的图标、热字、按钮应位于屏幕的相同位置，不应因为框面的变化而变动。这样的设计不仅有利于用户熟悉软件的使用，不至于造成混乱，也有利于软件的设计和制作。例如，课件运行的过程中，用于框面切换的操作，即使是同一图标的按钮，若在每一帧框面的位置不固定，经常变化，也势必会给用户造成操作上的不便，有时甚至会产生误操作。

(4)制作稿本的撰写。撰写制作稿本(脚本)的过程，实际上是把我们在设计脚本过程中的各种各样的想法用书面表达出来的过程，这也是制作稿本设计的最终成果的体现。

三、网络课程建设与运行

(一)课程内容建设

(1)教学视频。教学视频的时长尽量控制在20分钟以内，一般是5~15分钟，分辨率不得低于720p(1280×720，16：9)，通常采用MP4格式，单个视频文件一般建议不超过200 M，以免影响播放效果。教学视频中的音频要求清晰，无交流声或其他杂音、噪声等。如果要制作课程简介视频，一般建议将视频长度控制在50~60秒。在拍摄视频的过程中，画面中教师以中景和近景为主，要求人物和板书(或其他画面元素)同样清晰，一般来说，在拍摄过程中，不建议无教师形象的全程板书或PPT教案配音。录像环境应光线充足、安静无杂音，教师应衣着整洁，讲话清晰，板书清楚。对于有些视频，根据教师的教学要求，可以增加片头或片尾，这个可以由教师自己根据需要进行选择。但是需要注意的是，片头和片尾的总时长要求控制在10秒以内。一般一个教学单元内，如果有多个视频，则只需要在第一个视频增加片头，在最后一个视频增加片尾即可。

制作教学视频时，可以为教学视频配上对应的字幕。字幕的文件应单独制作并单独上传，不能与视频合并。同时字幕应为UTF-8编码的SRT文件格式。上传的字幕必须使用符合国家标准的规范字，不要出现繁体字、异体字以及错别字。教学视频一般是5~25分钟，时长超过5分钟的视频最好能够插入课间提问，条件比较好的课程，建议每5~6分钟插入一次提问。一般情况下，课间提问为1道客观题，题型可以是单选题、多选题、填空题和判断题，但是课间提问不计入平时成绩。

(2)教学资料。教学资料可以是课程教学演示文稿或其他的参考资料、文献等。通常情况下，演示文稿和其他格式文档需以PDF文档的格式上传，也可使用爱课程平台提供的富文本编辑器在线编辑。例如，每个授课单元的PPT教案，可以放在该单元教学内容的最后，供学生下载学习。

(3)随堂测验及课堂讨论。一般一个教学单元有多个教学视频，各个视频间可以添加随堂测验，也可以为整个教学单元添加随堂测验。随堂测验没有提交时间的限制，也不会计入学生的平时成绩，但是随堂测验可以方便学生即学即练，也便于教师随时考查学生对教学内容的理解和掌握程度。随堂测验一般由客观题组成，题型可以是单选题、多选题、判断题，平台自动判分。一份随堂测验可以由多种题型的客观题组成，题目数量没有限制。每个单元可以有一个或多个课堂讨论，但需提前设定讨论的主题。课堂讨论是教学团队在教学单元中发起的讨论，教师可以将学生发言情况计入学生平时成绩，以激发学生积极讨论的兴趣，拓展学生的思维方式。

(4)单元测验及单元作业。为了让学生牢固掌握本单元所学知识，教师可以设置单元测验和单元作业。单元测验和单元作业都必须设定提交截止时间。截止时间设定好后，一般不要随意更改。教师可以将单元测验和单元作业的情况记入学生的平时成绩，但是在发布前，务必要确保所有题目和答案核查无误。

一份单元测验可以由多种题型的客观题组成，题目数量不限。教师可以对单元测验设置管理策略，如学生可以提交的次数，一般建议2~3次，又如有效成绩的确定，可以取最后一次成绩或者是最好成绩，一般建议教师取最好成绩。

单元作业一般情况下为主观题，采取学生互评或教师批改的方式进行判分。如果设为学生互评作业，教师应该将评分标准或者标准答案上传到平台，作为学生互评时的参考依据。采取学生互评方式，作业提交截止后的学生互评时间建议设为 7~10 天。为保证学生能够按质按量地完成单元测验和单元作业，一般要设定有效期。单元测验和单元作业的有效期以 10~15 天为宜。

(5)在线考试及其设置。考试是检测学生课程阶段性或整体学习情况的测试，考试题型可以是客观题和主观题，题目的数量不受限制。考试题一经发布，将不允许修改，因此发布前需确保考试内容核查无误。考试题的形式与单元测验和单元作业一致，客观题由平台自动判分，主观题采用学生互评或教师批改的方式进行判分。考试题学生只能提交一次，且有答题时间限制，答题时间由教师自行设置，一般设置在 60 分钟以内，该时间按平台的时间计算，即学生一旦开始考试，不论其是否关闭电脑，系统都将按平台的时间计时并按时结束。

(二)新建网络课程

教师使用网络课程平台新建课程，必须先注册，再正确登录。同样，学生使用网络课程平台进行在线学习，也必须先注册，再登录。

(1)选择网络教学平台。高校可以自己建设网络教学平台，也可以将所建成的网络课程资源挂到其他网络教学平台。中国大学 MOOC(慕课)平台是教育部、财政部“十二五”期间启动实施的“高等学校本科教学质量与教学改革工程”支持建设的高等教育课程资源共享平台。该平台承担着国家精品开放课程的建设、应用与管理工作，旨在利用现代信息技术和网络技术，推动高校教育教学改革，提高高等教育质量，以公益性为本，构建可持续发展机制，为高校、师生和社会学习者提供优质教育资源和个性化教学服务。

(2)课程负责人组建课程教学团队。为了保证在线课程的教学质量和教学效果，课程负责人须自行组建课程团队，包括其他讲师和助教。课程团队的所有人员均须在网络教学平台完成注册。

(3)发布课程介绍页。课程介绍页是课程正式开课前的预告页面，主要包括课程基本信息(课程名称、所属大学、课程分类等)、教学安排(开课时间、课程结束时间、学时安排)、课程介绍(课程概述、教学大纲、证书要求)以及预备知识和常见问题等。“教学大纲”是指与在线开课相匹配的大纲，应给出每个教学周或每个教学讲(章)的教学安排，区别于学校课堂教学的大纲。“证书要求”是指不管采用何种计分或考核方式，学习者学完课程都可以拿到证书的明确要求。

课程的试看视频：教师在课程介绍页上传课程的试看视频，让学员通过试看视频，初步了解课程的基本情况等。

(4)首次发布课程学习页。课程学习页是学习者主要的学习场所，一般在开课时发布。开课时学习页必须有欢迎公告、评分标准、教学内容、课程论坛。

(5)课程工具应用。①发布教学单元内容。教师可以按学习周或章节形式组织、发布教学内容，包含教学视频、课堂提问、教学资料(PPT 教案、参考资料等)、随堂测验、课堂讨论、单元测验及单元作业、考试等。发布完教学单元的内容后，教师需要根据课程教学进度，实时发布课程公告，告知学习者课程的教学内容、单元作业及考试的开始与截止时间等消息。为了让每位学员都能及时获得公告信息，一般建议采用邮件形式同步告知。②设置论坛结构。论坛结构一般包含讨论区结构、讨论区公告、讨论区关闭设置三大模块。课程讨论区是教师与学习者最好的互动区域，包含“教师答疑区”“课堂交流区”“综合讨论区”“精华区”四个论坛版块。另外，教师还可以根据需要添加其他版块或子版块。③课程日常更新与维护。课程发布后，随着教学的推进，要及时对课程进行维护与更新，主要包括定期发布公告(内容预告、单元导学、催交作业等)、新的教学单元内容，以及维护课程讨论区各版块等。在课程开课前，如教学安排出现重大变化，不能按期开课，应提前30天书面告知“爱课程”网，以便平台及时调整。课程开课后，如发现任何内容错误，均应及时更正，以保证教学内容的准确性。④课程结构管理。在线开放课程能否达到较好的教学效果，课程结构的管理非常关键。

(6)创建课程内容。网络课程的教学内容是教师实施教学、学生开展学习的支持材料。教学内容的呈现既要完善、有序，也要兼顾网络教学的特点。教学内容是构建课程知识结构的最主要载体，在设计网络课程的教学内容时，应注意以下几个关键环节：①确定内容来源。网络课程内容应具有科学性、系统性和先进性，表现形式应符合国家有关规范标准，符合该课程的内在逻辑体系和学生的认知规律。课程中应提供正确的学科内容、完整的知识结构体系，应选择切合实际需求，能反映本学科最新发展动态的教材等。②组织教学内容。

网络课程的教学内容在组织时应根据教学大纲的要求，科学地选择，合理地组织。一般需遵循如下原则：一是课程内容模块化。模块的划分应具有相对独立性，以知识点或教学单元为依据。这样可以使课程内容结构合理，导航明确清晰。二是教学单元完整化。一般一个教学单元应该包括学习目标、教学内容、练习题、测试题、参考的教学资源、课时安排、学习进度和学习方法说明等。三是关键知识多元化。对于关键问题和疑难问题，要提供多种形式和多层次的学习内容，根据不同的学习层次设置不同的知识单元体系结构。四是组织结构开放化。组织结构上要能开放，可扩充，以便于课程内容的更新。课程结构应为动态层次结构，而且要建立起相关知识点间的关联，以确保用户在学习和教学过程中可根据需要跳转。五是内容表现多样化。课程内容要根据具体的知识要求，采用文本、声音、图像、动画等多种表现形式呈现。③上传教学资源。网络课程应该有丰富的资源来支持教师的教和学生的学，以利于学生进行研究探索，促进学生多面思考。在网络课程中，教师不仅要提供课程主体教学内容，还需要提供相应的教学、学习资源，例如学术论文、专家讲座、研究工具以及相关网站链接等，引导学生学习。④添加多媒体素材。在网络教学中，教学内容常常通过多媒体形式呈现，形成一个图文并茂、符合教学需求的多媒体课程。

(三)课程运行管理

课程内容建设完成后，需要对内容进行管理，主要是教师对课程内容的添加、修改、删除等更新操作。中国大学 MOOC 平台上，教师可以方便地实现内容的更新和管理。可以利用的工具包括：修改编辑、删除、复制或移动内容；选择性发布内容；浏览状态；用户进度；统计追踪。在课程内容创建以后，教师可以对内容进行更新，可以修改原内容、删除不需要的内容，还可以复制或移动内容，将其放置到相同课程中的不同区域或不同的课程中。然后利用发布内容工具，对修改或删除的内容进行发布。教师也可以创建一些规则来控制内容的发布，利用这些规则，教师可以控制内容项对用户的可见性。例如，教师希望某些内容项只开放给特定的用户，或者教师希望某个内容项只在某个时间段开放给用户等，都可以利用这个发布内容的工具来实现。发布规则是由一组定义内容项是否对用户可见的条件组成的，条件是规则的组成部分。这些条件包括可见的日期和时间、用户、任何成绩簿的得分或尝试，或课程中另一个内容项的复查状态。当然，必须在内容项可用的大前提下，内容项才对用户可见。

四、一流课程建设与应用

（一）一流课程源起

人才培养是大学的本职职能，本科教育是大学的根和本。教育部于2018年8月22日发布了《关于狠抓新时代全国高等学校本科教育工作会议精神落实的通知》（教高函〔2018〕8号），强调各高校要全面梳理各门课程的教学内容，淘汰“水课”、打造“金课”，合理提升学业挑战度、增加课程难度、拓展课程深度，切实提高课程教学质量。2019年10月24日，教育部下发了《关于一流本科课程的实施意见》和《“双万计划”国家级一流本科课程推荐认定办法》（教高〔2019〕8号），正式启动一流课程“双万计划”。

（二）一流课程类别

按照《“双万计划”国家级一流本科课程推荐认定办法》的表述，“双万计划”国家级一流本科课程推荐范围为普通本科高校纳入人才培养方案且设置学分的本科课程，包括思想政治理论课、公共基础课、专业基础课、专业课以及通识课等独立设置的本科理论课程、实验课程和社会实践课程等。一流课程的类型包括以下五类：

（1）线上一流课程。即国家精品在线开放课程，突出优质、开放、共享，打造中国慕课品牌。

（2）线下一流课程。主要指以面授为主的课程，以提升学生综合能力为重点，重塑课程内容，创新教学方法，打破课堂沉默状态，焕发课堂生机活力，较好发挥课堂教学主阵地、主渠道、主战场作用。

（3）线上线下混合式一流课程。主要指基于慕课、专属在线课程（SPOC）或其他在线课程，运用适当的数字化教学工具，结合本校实际对校内课程进行改造，安排20%～50%的教学时间实施学生线上自主学习，与线下面授有机结合开展翻转课堂、混合式教学，打造在线课程与本校课堂教学相融合的混合式“金课”。大力倡导基于国家精品在线开放课程应用的线上线下混合式优质课程申报。

(4)虚拟仿真实验教学一流课程。着力解决真实实验条件不具备或实际运行困难，涉及高危或极端环境，高成本、高消耗、不可逆操作、大型综合训练等问题。

(5)社会实践一流课程。以培养学生综合能力为目标，通过“青年红色筑梦之旅”、“互联网+”大学生创新创业大赛、创新创业和思想政治理论课社会实践等活动，推动思想政治教育、专业教育与社会服务紧密结合，培养学生认识社会、研究社会、理解社会、服务社会的意识和能力，建设社会实践一流课程。

(三)一流课程建设原则

教育部在《关于一流本科课程的实施意见》中明确了一流本科课程的建设原则，包括提升高阶性、突出创新性和增加挑战度，即“两性一度”。

(1)提升高阶性。课程目标坚持知识、能力、素质有机融合，培养学生解决复杂问题的综合能力和高级思维。课程内容强调广度和深度，突破习惯性认知模式，培养学生深度分析、大胆质疑、勇于创新的精神和能力。

(2)突出创新性。教学内容体现前沿性与时代性，及时将学术研究、科技发展前沿成果引入课程。教学方法体现先进性与互动性，大力推进现代信息技术与教学深度融合，积极引导学生进行探究式与个性化学习。

(3)增加挑战度。课程设计增加研究性、创新性、综合性内容，加大学生学习投入度，科学“增负”，让学生体验“跳一跳才能够得着”的学习挑战。严格考核考试评价，增强学生经过刻苦学习收获能力和素质提高的成就感。

五、说课视频的制作技巧

(一)正确理解说课

说课是教学研究和改革中经常用到的方法，一般由执教者在特定的场合，向同行、教学研究人员或教学管理人员介绍自己的教学思想、教学方法、教学效果以及困惑和反思。说课的聆听者或评价者会就自己关心的问题进行询问和探讨，从而促进教学者教学水平的提升。说课不同于讲课，讲课是教学设计结果的呈现，而说课关注的是教学设计的过程，说课人需要明确表达出教学设计的背景因素、自己的教学创新思路，以及教学中应用的核心逻辑与方法。说课能够在最短的时间内让大家了解一门课程的思路与方法，并对其做出评价。因此，一流课程的评审中，说课视频是专家做出评价的重要依据，而由于其可视化与生动性，本课程的评价结果会受到极大影响。

课程负责人的 10 分钟“说课”视频包括课程概述、教学设计思路、教学环境(课堂或线上或实践)、教学方法、创新特色、教学效果评价与比较等内容。技术要求：分辨率 720P 及以上，MP4 格式，图像清晰稳定，声音清楚。视频中须标注出镜人姓名、单位，课程负责人出镜时间不得少于 3 分钟。

(二)说课视频制作流程

说课视频是通过镜头语言进行内容展示的，需要结合文字、语言、图片、短视频等多媒体手段，其制作也较为复杂，通常需要经过说课视频内容设计、展示素材整理、脚本设计和视频制作四个环节。

(1)说课视频内容设计。说课视频的内容设计可以依托申报书正文进行，其核心观点和素材均来自申报书，但并非仅仅把申报书念一遍就行了，这样就失去了说课的价值和意义。

(2)说课展示素材收集。理清说课的核心逻辑后，就可以开始整理视觉展示素材了。素材的种类包括照片、视频、证书、文件等，主要作用是形象展示和提供证据，达到“有图有真相”的效果。题材包括如下四类：①教师介绍资料。如教师照片、教师获奖证书、教学竞赛获奖、荣誉称号，以及相关资质证明等。②课程教学视频片段。线下课程、社会实践课程最好有上课现场的视频，以展示真实的教学场景。这部分需要日常积累，平时上课时可以拍摄一些素材备用。不仅是申报一流课程可以用，做学院宣传片、专业招生宣传片等视频时也都用得上。对于仪式化的场景，例如开课典礼、学生项目路演、结业论文答辩、外出调研等，尤其要注意留存视频资料。③学生反馈视频。可以在课中、课后邀请学生对本课程做出评价，从学生处得到的反馈信息有更高的可信度。④教学成果资料。本部分的资源主要是纸质版文件扫描，例如研究课题立项文件、教改论文原件、学生注册公司的营业执照、媒体报道、网站截图等。本部分材料主要是作为佐证，表达申报材料的真实性。⑤说课视频配套课件。采用图表、图片形式将说课内容进行形象化处理，尽量避免课件上出现大段文字，尽量用结构化的表达方式呈现内容。

(3)说课视频脚本设计。在准备好以上材料之后就要撰写说课视频拍摄脚本了，将这些素材统合起来，用镜头语言说明自己的核心观点。说课视频脚本包括如下要素：①主题内容切割。用结构化思维将表达的内容切割成若干部分并冠以标题。初步计算每部分所分配的时间。通常可以按照开头介绍和导入1分钟、教学设计3分钟、特色和创新3分钟、教学效果与学生成果2分钟、结尾和总结1分钟的时间来分配。最前面还可以加5秒片头，最后有2秒片尾。②说课讲稿。按照内容设计逻辑和申报书中主要内容撰写说课讲稿，一般语速为1秒钟4个字，扣除中间衔接和停顿，10分钟说课讲稿的字数要控制在2000字左右。讲稿上可以在部分位置提醒自己应做出表情和动作，尽可能做到流畅自然。③教师出镜。说课视频最好由课程负责人主讲，即使需要课程团队成员承担部分内容，负责人出镜时间也不能少于3分钟。教师的出境有四种方式：全身出境（即镜头中只有教师镜头）、教师+展示材料（教师一般在画面右侧，左侧放PPT或者视频素材）、展示材料+教师小窗（需要重点展示素材内容时，可以将教师镜头开小窗至于右上角）、全部是展示材料（只保留教师讲解声音，主要体现展示材料）。④素材展示方式。视频中素材展示方式是多样的，比较简单的是静态展示图片，要引起注意可以增加动态效果，或者配合主讲教师做特效。

(4)说课视频的制作。在说课视频脚本编写好之后应与拍摄的技术人员进行沟通，让其充分理解自己希望呈现的效果，同时也可以结合他们给出的专业意见修改自己的拍摄脚本。①说课视频拍摄。通常在专业的摄影棚拍摄，以便于后期加工处理。主讲教师可以把说课讲稿放在提词器中，多念几遍熟悉内容，尽量避免紧张。镜头变换可以采用推、拉、摇、移等手法，拍摄效果取决于技术人员的水平。②后期制作。拍摄结束后通常由技术人员进行后期处理，剪去表述不当的地方，加上相应的素材，建议在主讲教师出镜时增加其姓名和单位词条，全片制作完后加上片头片尾并配上字幕。

(三)说课视频的内容组织

说课视频的脚本可以按照课程概述、教学设计、教学环境、教学方法、教学效果、创新特色六个模块进行梳理。一般播音员的语速是200~260字/分钟，建议说课的脚本为2000字左右，总时长不超过10分钟。

(1)课程概述。用简要的文字介绍课程的建设历程、培养方案中的定位、学生的学情分析。

(2)教学设计：讲清楚整个课程的教学设计思路，包括教学目标、教学内容、教学活动等。①教学目标的理解：教学目标强调高阶性，课程目标坚持知识、能力、素质有机融合，培养学生解决复杂问题的综合能力和高级思维。②教学内容强调创新性：教学内容体现前沿性与时代性，及时将学术研究、科技发展前沿成果引入课程。③教学活动强调学生中心：线下一流课程需要打破沉默的教学模式，线上线下需要突出课前(线上)、课中(线下)、课后(线上)的有机融合；社会实践强调理论与社会实践的融合。④考核要求强调挑战度：考核要求需要与设定的课程目标相对应。

(3)教学环境：教学环境包括线上、线下、实践的课堂教学实施环境及相关设备设施。可以在说课的时候把课堂教学、线上学生自主学习、社会实践基地的照片和活动视频融入说课视频。

(4)教学方法：教学方法是实施教学设计所用的方法。教学方法包括教师教的方法(教授法)和学生学的方法(学习方法)两大方面，是教授方法与学习方法的统一。

(5)教学效果分析：教学效果从两个方面来分析，对于学生而言，从学习目标出发分析教学成效，可以从学生的成绩来看，也可以从学生的知识、能力、素养等方面进行分析；对于教师而言，可以从教学成果来看，也可以从教学评价、课程评估等方面来分析。

(6)特色与创新：根据整个内容来凝练特色与创新点，建议特色避免“同质化”，需要强调“人无我有、人有我优”的特色。创新可以从自身的创新点谈起，也可以从在已有的基础上所做的创新点来谈。

(四)说课视频的呈现

(1)基本要求。课程负责人必须出镜不少于3分钟，在视频呈现的时候需要呈现“出镜人姓名及单位”。至于什么时候出镜、怎么出镜、别的人是否可以出镜，则没有具体要求。

(2)场地要求。说课的场地不限，可以在教室进行，也可以在实验室或教师办公室实施。

(3)说课视频的拍摄要领及注意事项。①说课准备。PPT内容要求详尽正确、图文丰富、布局美观。事先多做讲演练习，确保语言流畅准确，把控时间长度在10分钟以内。②外表。着正装、搭配齐整；无条纹和强反光；装束避免蓝色、绿色；面部应洁净不油腻。③沟通。注意与摄影师交流，录制内容有变化应及时交流，讲课状态不佳应及时调整或重新录制。④流畅。录制中讲课保持流畅；注意避免口误和口头禅；断断续续或者失误需要重录；思路不清时暂停，理顺后重来。⑤神态。表情自然，不紧张、不频繁眨眼；目光聚焦在镜头，不游移。⑥动作。身体不摇晃，可有手势但幅度不宜过大，控制紧张时的小动作。⑦节奏。适当停顿、段落分明、内容不拖沓、语调不拘谨、略带情感顿挫，语速控制在 200 字/分钟左右。⑧收尾。结尾陈述不仓促，保持凝视镜头几秒，表情自然或略带微笑。

第二章
课程教学改革的理论研究

课程教学改革必须遵循教育教学理论和学生心理发展规律，在现代教学理论指导下的课程教学改革必须从教学团队建设、教学内容改革、教学方法与手段改革、教学评价改革等方面入手，同时必须更新教育教学理念，主动探索教育教学理论问题。

第一节 课程教学改革的理论支撑

一、行为主义教学理论

行为主义教学理论包括巴甫洛夫(I. Pavlov，1849—1936)的经典条件反射理论、斯金纳(B. F. Skinner，1904—1990)的操作性条件反射理论和班杜拉(Albert Bandura，1925—2021)的社会学习理论。

(一)经典条件反射理论

巴甫洛夫在研究消化生理时注意到，狗的消化腺分泌是有规律的，即狗在见到食物一定的时间之后，其消化腺才开始分泌。显然，这种预期性的分泌带有反射性质。他进一步观察发现，食物刺激和消化腺分泌之间的关系在每只狗身上表现得并不一样，甚至同一只狗在不同时间的表现也不一样。

巴甫洛夫在实验室里添设了灯光和响铃装置，先给狗以声、光刺激，一定时间之后给予食物。见到食物后，狗必然会分泌唾液，这是其先天固有的反射。但是，巴甫洛夫反复试验后发现，狗只要见到这种灯光、听到这种铃声，即便没有食物出现，它也会分泌唾液。巴甫洛夫认为，灯光、铃声已与食物共同形成了刺激物，而这种“刺激—分泌”的神经联系已在狗的大脑中建立。只要刺激信号出现，就会引起狗的唾液分泌。这种后天习得的反射，巴甫洛夫称之为“条件反射”，它与那种与生俱来的无条件反射截然不同。巴甫洛夫发现了条件反射的许多规律，其中重要的一条是，条件反射的建立必须依赖于无条件反射。

巴甫洛夫还发现，条件反射的形成并非一劳永逸，它是可以变化的。如果不经常用相应的无条件反射去强化它，久而久之，条件反射就会削弱或消退。例如那条经过实验听见铃声就分泌唾液的狗，如果你老是响铃，却不按时把食物放进它的嘴里，久而久之，狗对单独的铃声反应便会减弱，最后会置若罔闻。这表明原已形成的条件反射因为得不到无条件反射的强化，也是会逐渐消退的。巴甫洛夫还研究了条件反射的泛化、辨别等规律，并用来解释行为的建立、改变和消退。经典条件反射学说已成为行为治疗最基本的理论之一，利用条件反射的建立或消退规律治疗矫正已成为消除不良行为的重要方法。

(二)操作性条件反射理论

斯金纳把行为分成两类，一类称应答性行为，另一类称操作性行为。他认为，应答性行为是被动的，是被一定的刺激诱发的，比如巴甫洛夫在狗身上观察到的行为。而操作性行为却带有主动的性质，虽然它也要受环境的影响，但不是直接引发于某一明显的刺激。斯金纳认为，吃饭、睡觉、走路、讲话、工作、娱乐、争斗等都属于操作性行为。显然，操作性行为要比应答性行为复杂得多，不是用几个条件反射就可以阐明的。例如走路，最初可能是由想到某个地方去的念头引起的。但是这个行为是否发生，却还要取决于气候、心情、精力，以及诸多的社会因素。不过，这一行为在某种程度上也可以为奖赏所决定，奖赏是一种强化。如预计走到目的地之后能会见一位朝思暮想的挚友，那么，走路这一行为较之没有这一期望时更易发生，因为奖赏强化了走路行为。

斯金纳制成了一套盒式实验装置，装置里有一套操作工具和传送强化物的设施，这就是后人所称的“斯金纳箱”。斯金纳首先是用鸽子做实验，实验箱里装有两把钥匙，一把是红色的，另一把是绿色的。当鸽子无意中啄动红钥匙时，传送强化物的装置就自动丢出几粒它喜欢吃的食物；啄动绿钥匙时，箱内则无任何动静。不久，鸽子就学会了啄红钥匙。类似的结果在老鼠身上同样得到了验证：斯金纳箱中安装一副杠杆，老鼠在箱子里自由行动，如果无意中压了一下杠杆，传送强化物的装置便会送来食物，于是老鼠很快就学会了按压杠杆以获得食物。

强化物通常是某种食物，当然也可以是作为奖赏的任何其他东西，比如娱乐，甚至是避免某种惩罚。奖赏或娱乐属于正强化，惩罚属于负强化。斯金纳将老鼠放在箱中，底板是金属制成的，可以通电。箱内设一副杠杆，但杠杆不再是获取食物的暗道机关，而是一个设计巧妙的电闸开关。底板通电之后，老鼠受到电击，它会在箱里惊慌失措，但偌大的箱内就是没有安然立足之处。如果老鼠偶然碰压了杠杆，则电源立即被切断，老鼠即可得到安宁。它一旦停止按压，电源又自动接通。为了避免电击，老鼠迫不得已，只能反复按压杠杆，丝毫不敢松懈，直至精疲力竭。这时候，老鼠亦被认为学会了按压杠杆。

除了对正强化与负强化做出区分外，斯金纳还区分了强化的两个来源：一级强化物和二级强化物。一级强化物包括所有在没有任何学习发生的情况下也能起强化作用的刺激，如食物和水等可以满足生理基本需要的东西。二级强化物包括那些在开始时不起强化作用，但后来与一级强化或其他强化物关联而起强化作用的刺激。斯金纳认为，对于人类来说，二级强化物包括对大量行为起强化作用的许多刺激，诸如特权、社会地位、权力、财富、名声等，这些大多是由社会文化所决定的，它们构成了决定人类行为的极有力的二级强化物。

斯金纳从事实验和研究的主要目的，是要论述和澄清强化的类型和强化的安排对学习测度的影响。学习测度主要包括习得速度、反应速度和消退速度。从某种意义上说，斯金纳在强化安排方面的实验，是他对心理学的最大贡献。斯金纳认为，在行为实验分析中，最容易控制的、最有效的变量是给予强化的方式。在一种仔细控制的实验情境中，实验者可以精确地决定使用什么类型的强化，以及怎样给予强化、何时给予强化。也就是说，实验者完全可以控制强化程序。

根据这一原理，斯金纳提出了一套行为矫正程序，他称之为“塑造作用”。在行为塑造过程中，实验者首先观察被试者的全部行为反应，然后对其中的部分行为反应进行奖励，忽视那些实验者不希望保留的行为反应，通过不断地奖励、强化而塑造出一种全新的行为模式。利用这种方式，斯金纳曾经成功地教会了鸽子打乒乓球，甚至还教会了鸽子在一架玩具钢琴上弹一支曲子。

斯金纳将行为塑造用于人类行为的研究，对一些精神和情感疾病的治疗起到过不小的作用。他认为，通过奖励可以重新塑造当事人的行为方式。他们在波士顿附近的州立医院进行实验，如果当事人做出合适的行为，例如自愿进食、自我修整或者协助整理房间等，就会得到一些奖励，如糖果和香烟，或者得到一些特权，如自由选择进餐地点、与医生交谈、看电视等。由此可以看出，心理咨询就是通过改变对当事人起作用的强化物来矫正问题行为，同时发展良好行为的活动。

(三)社会学习理论

巴甫洛夫和斯金纳的理论能说明许多行为，但在解释复杂社会行为的学习过程中遇到了困难。因为人在社会化过程中能在短期内习得大量的复杂行为，但人不可能在很短的时间内一一经历如此多的刺激并建立相应的刺激-反应联系。班杜拉认为，人有复杂的文化背景，所以人的行为是极为复杂的。这种复杂行为不可能通过经典条件反射及操作条件作用来简单地加以控制或改变，而要通过观摩示范式学习，通过模仿来获得。

班杜拉的社会学习理论特别强调榜样的示范作用，认为人的大量行为是通过对榜样的学习而获得的，不一定都要通过尝试错误学习和进行反复强化。榜样学习是人类进行社会学习的一种基本方法，其过程分为以下四个步骤：

(1)注意过程。榜样的特征引起学习者的注意，可以是有意识的，也可以是无意识的。

(2)保持过程。将榜样特征、内容保持在记忆中以便必要时再现。在保持过程中应不断再现榜样的表象。班杜拉认为，榜样效应以两种形式保存在我们的记忆中：一是形象，二是语言。观察学习把示范经验转换成表象或言语符号保持在记忆中，这些记忆代码在以后就能指导操作。除了符号编码外，演习也能成为一个重要的记忆支柱。

(3)运动再现过程。学习者将榜样的特征纳入自己的行为之中并赋予自身人格的特征。要把观察学习到的东西付诸行动，在行为水平上还会存在障碍。在运动再现的过程中，学习者必须根据自己的猜测、他人的反馈和对榜样行为的仔细观察进行调整。

(4)动机过程。人们通过观察获得的新知识，并不能保证自动出现与原型行为相同的行为。操作是由动机变量控制的，当模仿的行为得到外部或自我的不断强化之后，习得行为就能相对稳定地建立起来并保持一定的连续性。

除了上述四个过程中提到的影响观察学习的因素外，下列因素也对观察学习产生了影响：①榜样的特征。榜样的知名度、权威性、能力、地位以及与观察者的相似程度都会影响观察者的模仿行为。②观察者的特征。观察者的依赖性高、受暗示性强、缺乏自信和安全感，则易模仿他人的行为；同时，观察者具有较强的模仿能力，也会促进他的模仿行为。③观察者的参与程度。主动参与比被动参与的观察者更易产生观察学习。

二、人本主义教学理论

人本主义教学理论是在人本主义学习观的基础上形成并发展起来的，该理论根植于自然人性论的基础之上。人本主义心理学家认为，人是自然实体而非社会实体；人性来自自然，自然人性即人的本性。他们的共同信仰是每一个人都具有发展自己潜力的能力和动力，行为和学习是知觉的产物。

（一）人本主义学习观

人本主义学习观的代表人物是罗杰斯（C. R. Rogers，1902—1987），他是心理咨询家和教育改革家。从20世纪30年代起，他就开始从事儿童心理咨询和心理治疗工作。20世纪40年代初，他根据自己的工作经验提出患者中心疗法。在个性理论方面，他提出人格及其变化的理论，即“自我理论”。20世纪60年代以来，他把他的理论推广到教育和教学领域，出版了《学习的自由》一书，系统地阐述了他的人本主义学习观和教学观。

（1）学习是有意义的心理过程。在对学习过程本质的看法上，罗杰斯的观点是与行为主义学习理论根本对立的。罗杰斯认为，学习不是机械的刺激和反应联结的总和，而是一种心理过程，是个体对知觉的解释。罗杰斯认为，两个人因对知觉的解释不同，他们所认识的世界以及对这个世界的反应也不同。因此，考察一种学习过程，只了解外界情境或外界刺激是不够的，更重要的是要了解学习者对外界情境或刺激的解释或看法。

（2）学习是学习者内在潜能的发挥。在对学习的起因和学习动机的看法方面，罗杰斯认为，人类具有学习的自然倾向或学习的内在潜能。人类的学习是一种自发的、有目的的、有选择的学习过程，即人的学习具有主动性和自觉性。

教学的任务就是创设一种有利于学生学习潜能发挥的情境，使学生的学习潜能得以充分发挥。人本主义的学习观把学生看作一个有目的、能够选择和塑造自己行为并从中得到满足的人。因此，在教学活动中，罗杰斯强调以学生为中心，教师的任务主要是帮助学生增强对变化的环境和对自我的理解，而不应该像行为主义学习理论所主张的那样，用安排好的各种强化去控制或塑造学生的行为。罗杰斯还认为学习过程对于学习者来说应该是一个愉快的过程，在教学中不应把惩罚、强迫和种种要求或约束作为促进学生学习的方法。

(3)学习是有用的、有价值的社会实践。罗杰斯强调学习的内容应该是学习者认为有价值、有意义的知识或经验，只有当学生正确地了解到所学内容的用处时，学习才能成为最好的、最有效的人类活动。学生只有学习他们感兴趣并认为有用处、有价值的经验或技能，才能形成更好的学习过程并能够坚持学习；而对于学习者认为价值很小或效用不大的经验或技能，他们学习起来往往很困难，也容易遗忘。如果某些学习内容需要学习者改变自己的兴趣或自我结构，那么这些学习就可能受到学生的抵制。人本主义学习观提示教师要尊重学生的学习兴趣和爱好，尊重学生自我实现的需要。

(4)学习是学会如何进行学习。罗杰斯特别强调学习方法的学习和掌握，强调在学习过程中获得知识和经验。罗杰斯认为，很多有意义的知识或经验不是从现成的知识中学到的，而是在做的过程中获得的。学生通过实际参加学习活动，进行自我发现、自我评价和自我创造，往往能获得有价值的、有意义的经验。罗杰斯认为，在学习过程中获得的不仅仅是知识，更重要的是获得学习的方法或经验，即提高学习能力。这些方法和经验可以运用到以后的学习中去，所以最有用的学习是学会学习。

(二)非指导性教学模式

罗杰斯将心理咨询的方法移植到教学中，提出了非指导性教学模式。他极力批判传统教学将教师和书本置于教学活动核心位置的做法，认为这种方式只能使学生成为“奴隶”。在罗杰斯看来，教学活动应把学生放在居中的位置，把学生的“自我”看作教学的根本要求，所有的教学活动不仅要服从“自我”的需要，而且要围绕着“自我”进行。

(1)教学目的。罗杰斯认为，教育应该把学生培养成富有灵活性、适应性和创造性的人，教育应该注重培养具有主动性、独创性和创造性的人。概括地说，教育所培养出来的人应该是个性充分发展的人。这种人具有主动性和责任感，具有灵活适应变化的能力，是自主发展的人、能够实现自我价值的人。

(2)非指导性教学的特点。罗杰斯所提出的非指导性教学要求具有以下特点：①在课堂中创造一种接受的气氛；②围绕着发展个人的和小组的目标而进行；③教师的角色不断变化。由此可见，非指导性教学并不是完全站在传统教学的对立面，只不过强调了传统教学忽略的而确实对学生的发展有利的方面，即应赋予学生更多的空间支配学习过程。非指导性教学模式改变了传统的师生关系，拓展了教学研究的视角。

(3)非指导性教学的实施策略。第一，教师应对自己坚信不疑，并对学生的独立思考及自学能力充满信任。第二，教师应同其他人共同担负起教学活动责任，课程计划、教学管理、经费预算、政策制定等都应是一个小组的共同责任。第三，教师为学生提供学习资料。第四，学生探索自己感兴趣的问题，在探索过程中对自己的学习方法做出选择，并对这些选择所产生的结果负责，据此形成他们自己的学习计划。第五，提供一种有利于学习的气氛，这应该是一种充满真诚、关心和理解的气氛。第六，学生的重心集中在学习过程中的体验上，学习内容虽然重要，但却是第二位的。第七，强调自我训练，学生将训练看成他们自己的责任。第八，重视自我评价，小组成员或教师的反馈信息也会影响学生的自我评价。

(4)非指导性教学中的新型师生关系。罗杰斯将教师定位为“促进者”，认为教师不应是传统教学中所说的控制者，而应在教学过程中履行学生学习促进者的角色并完成相关任务。他认为教师的作用主要表现为以下几个方面：一是帮助学生引出并澄清问题；二是帮助学生组织材料，提供更广泛的学习活动；三是作为一种具有主观能动性的特殊资源为学生服务；四是作为学习的参与者(如小组成员)参与学习活动全过程；五是主动与小组成员分享他们自己的感受。

罗杰斯认为，要发挥促进者的作用，教师应处理好与学生之间的人际关系。这要求教师注意以下几点：一是真诚。教师必须去掉假面具，与学生坦诚相见，畅所欲言，不要有任何的虚伪。二是接受。接受有时也称信任、奖赏，教师应分担学生碰到问题时产生的痛苦和压力，分享学生取得进步时产生的喜悦和欢乐。三是理解。作为促进者，教师需要站在学生的角度去体会和了解学生的内心感受，而不是用教师的标准审视学生的一切。

三、建构主义教学理论

建构主义理论的主要代表人物有瑞士心理学家皮亚杰(Jean Piaget, 1896—1980)、德国心理学家卡茨(David Katz, 1884—1953)、苏联心理学家维果斯基(Lev Vygotsky, 1896—1934)、美国心理学家科恩伯格(Otto F. Kernberg, 1928—)和斯滕伯格(Robert J. Sternberg, 1949—)。

建构主义源自关于儿童认知发展的理论，由于个体的认知发展与学习过程密切相关，因此建构主义可以较好地说明人类学习过程的认知规律，即能较好地说明学习如何发生、意义如何建构、概念如何形成，以及理想的学习环境应包含哪些主要因素等。

(一)认知结构

建构主义理论的一个重要概念是图式，图式是指个体对客观世界的知觉理解或思考方式，也可以把它看作心理活动的框架或组织结构。图式是认知结构的起点和核心，或者说是人类认识事物的基础。因此，图式的形成和变化是认知发展的实质。认知发展受三个过程的影响：同化、顺应和平衡。在这里，同化是指学习者对刺激输入的过滤或改变过程。顺应是指外部环境发生变化，而原有认知结构无法同化新环境提供的信息时所引起的认知结构发生重组与改造的过程。平衡是指学习者通过自我调节机制使认知发展从一个平衡状态向另一个平衡状态过渡的过程。

(二)学习的含义

建构主义认为，知识不是通过教师传授得到的，而是学习者在一定的情境下(即社会文化背景)，借助特定的帮助系统(教师、学习伙伴、教学资源)获取知识、建构意义的过程。由于学习是在一定的情境下，借助其他人的帮助即通过人际间的协作活动而实现的意义建构过程，因此建构主义教学理论认为，情境、协作、会话和意义建构是学习环境中的四大要素或四大属性。

(1)情境：学习环境中的情境必须有利于学生对所学内容的意义建构。这就对教学设计提出了新的要求，也就是说，在建构主义学习环境下，教学设计不仅要考虑教学目标的分析，还要考虑有利于学生建构意义的情境创设问题，并把情境创设看作教学设计的重要内容之一。

(2)协作：协作发生在学习过程的始终。协作对学习资料的搜集与分析、假设的提出与验证、学习成果的评价直至意义建构均有重要作用。

(3)会话：会话是协作过程中不可缺少的环节。学习小组成员之间必须通过会话商讨如何完成规定的学习任务；协作学习过程也是会话过程，每个学习者的思维成果都为整个学习群体所共享，会话是达到意义建构的重要手段。

(4)意义建构：意义建构是整个学习过程的最终目标。所要建构的意义是指事物的性质、规律以及事物之间的内在联系。在学习过程中帮助学生建构意义就是要帮助学生深刻地理解当前学习内容所反映的事物性质、规律以及该事物与其他事物之间的内在联系。这种理解在大脑中的长期存储形式就是前面提到的“图式”，也就是关于当前所学内容的认知结构。学习的质量是学习者建构意义能力的函数，而不是学习者重复教师思维过程能力的函数。换句话说，获得知识的多少取决于学习者根据自身经验去建构有关知识意义的能力，而不取决于学习者记忆和背诵教师讲授内容的能力。

(三)建构主义倡导的学习方法

建构主义提倡在教师指导下，以学习者为中心的学习，也就是说，既强调学习者的认知主体作用，又不忽视教师的指导作用，教师是意义建构的帮助者、促进者，而不是知识的传授者与灌输者。学生是信息加工的主体，是意义的主动建构者，而不是外部刺激的被动接受者和被灌输的对象。学生要成为意义的主动建构者，就必须在学习过程中从以下几个方面发挥主体作用：①用探索法、发现法去建构知识的意义；②在建构意义的过程中，主动去搜集并分析有关的信息和资料，对所学习的问题提出各种假设并努力加以验证；③把当前学习内容所反映的事物尽量和自己已经知道的事物联系起来，并对这种联系加以认真思考。联系与思考是意义构建的关键。如果能把联系与思考的过程与协作学习中的协商过程(交流、讨论等的过程)结合起来，则学生建构意义的效率会更高，质量会更好。协商有自我协商(或内部协商)与相互协商(或社会协商)两种，自我协商是指自己和自己争辩什么是正确的，相互协商则指学习小组相互之间的讨论与辩论。

教师要成为学生建构意义的帮助者，在教学过程中应从以下几方面发挥指导作用：①激发学生的学习兴趣，帮助学生形成学习动机；②通过创设符合教学内容要求的情境和新旧知识之间联系的线索，帮助学生建构当前所学知识的意义；③为了使意义建构更有效，教师应在可能的条件下组织协作学习（开展讨论与交流），并对协作学习过程进行引导，使之朝着有利于意义建构的方向发展。引导的方法包括：提出适当的问题以引起学生的思考和讨论，在讨论中设法把问题一步步引向深入，以加深学生对所学内容的理解，启发诱导学生自己去发现规律，自己去纠正和补充错误的或片面的认识。

（四）建构主义的教学思想

（1）建构主义的知识观。①知识不是对现实的纯粹客观反映，任何一种表达知识的符号系统也不是绝对真实的表征，它只不过是人们对客观世界的一种解释、假设或假说，而不是问题的最终答案，随着人们认识程度的深入，其必将不断地变革、升华和改写而出现新的解释和假设。②知识并不能绝对准确无误地概括客观世界的法则，也不能提供对任何活动或问题解决都实用的方法。在具体的问题解决中，知识需要针对具体问题的情景对原有知识进行再加工和再创造。③知识不可能以实体的形式存在于个体之外，尽管通过语言赋予了知识一定的外在形式并且获得了较为普遍的认同，但这并不意味着学习者对这种知识有同样的理解。真正的理解只能是由学习者自身基于自己的经验背景而建构起来的、取决于特定情况的学习活动过程，否则就不叫理解，而是叫死记硬背或生吞活剥，是被动的复制式学习。

（2）建构主义的学习观。①学习不是由教师把知识简单地传递给学生，而是一种由学生自己建构知识的过程。学生不是简单被动地接收信息，而是主动地建构知识的意义，这种建构无法由他人来代替。②学习不是被动接收信息刺激，而是主动地建构意义，是根据自己的经验背景，对外部信息进行主动的选择、加工和处理，从而获得自己的意义。外部信息本身没有什么意义，意义是学习者通过新旧知识经验间反复的、双向的相互作用过程建构而成的。③学习意义的获得，是每个学习者以自己原有的知识经验为基础，对新信息重新认识和编码，建构自己的理解的过程。在这一过程中，学习者原有的知识经验因为新知识经验的进入而发生调整和改变。④同化和顺应是学习者认知结构发生变化的两种途径或方式。同化是认知结构的量变，而顺应则是认知结构的质变。“同化—顺应—同化—顺应”循环往复，“平衡—不平衡—平衡—不平衡”相互交替，形成个体认知水平的发展过程。学习不仅仅是简单的信息积累，更重要的是包含新旧知识经验的冲突，以及由此而引发的认知结构的重组。学习过程不是简单的信息输入、存储和提取，而是新旧知识经验之间相互作用的过程，也就是学习者与学习环境之间互动的过程。

（3）建构主义的学生观。①学习者并不是空着脑袋进入学习情境中的。在日常生活和以往各种形式的学习中，他们已经形成了有关的知识经验，他们对任何事情都有自己的看法。即使有些问题他们从来没有接触过，没有现成的经验可以借鉴，但是当问题呈现在他们面前时，他们还是会基于以往的经验，依靠他们的认知能力，形成对问题的解释，提出自己的假设。②教学不能无视学习者已有的知识经验，简单地从外部对学习者实施知识的填灌，而应当把学习者原有的知识经验作为新知识的生长点，引导学习者从原有的知识经验中，生长出新的知识经验。教学不是知识的传递，而是知识的处理和转换。教师不是单纯的知识呈现者，不是知识权威的象征，而应该重视学生自己对各种现象的理解，倾听他们的看法，思考他们这些想法的由来，并以此为据引导学生丰富或调整自己的解释。③教师与学生、学生与学生之间需要共同针对某些问题进行探索，并在探索的过程中相互交流和质疑，了解彼此的想法。由于不可避免地存在经验背景差异，学习者对问题的看法和理解经常是千差万别的。建构主义虽然非常重视个体的自我发展，但也并不否认外部引导的作用，即教师的影响。

（4）师生角色的定位及其作用。①教师的角色是学生建构知识的忠实支持者。教师的作用从传统的传递知识权威转变为学生学习的辅导者，成为学生学习的高级伙伴或合作者。②教师要成为学生建构知识的积极帮助者和引导者，适当激发学生的学习兴趣，引发和保持学生的学习动机。③学生的角色是教学活动的积极参与者和知识的积极建构者。建构主义要求学生面对认知复杂的真实世界情境，并在复杂的真实情境中完成任务。学生需要采取一种新的学习风格、新的认识加工策略，形成自己是知识与理解建构者的心理模式。建构主义教学比传统教学要求学生承担更多的管理自己学习的机会，教师应当注意使机会永远处于维果斯基提出的“学生最近发展区”，并为学生提供一定的辅导。④学生要用探索法和发现法去建构知识意义。学生要善于把当前学习内容与自己已有的知识经验联系起来，并对这种联系加以认真思考。

（5）建构主义的教学原则。①把所有的学习任务都置于能够更有效地适应学习的情境之中。②教学目标应该与学生学习环境中的目标相符合，教师确定的问题应该使学生感到就是他们本人的问题。③设计真实的任务。真实的活动是学习环境的重要特征，应该在课堂教学中使用真实任务和真实活动(日常活动或实践)的内容或技能进行多重整合。④设计能够反映学生在学习结束后就从事有效行动的复杂环境。⑤给予学生解决问题的自主权。教师应该刺激学生的思维，激发他们自己解决问题的潜能。⑥设计支持和激发学生思维的学习环境。⑦鼓励学生在社会背景中检测自己的观点。⑧支持学生对所学内容与学习过程进行反思，发展学生的自我控制技能，使其成为独立的学习者。

四、掌握学习教学理论

20世纪40年代以后，美国一些教育家提出要在传授知识的基础上重视发展学生运用知识解决问题的能力。布鲁姆(Benjamin S. Bloom，1913—1999)所在的芝加哥大学从考试改革入手，改革考试的要求和方法，进而改变教学的目的和方法，对教学目标予以极大关注，无论是考试改革还是教学改革，最重要的是必须明确教学目标，评价的作用在于了解学生达到教学目标的程度。布鲁姆从20世纪60年代末开始，对改进教学过程与方法，全面提高教学质量进行了深入研究，提出了掌握学习教学理论，该理论包括教学目标分类学、教学评价理论和掌握学习教学策略。

(一)教学目标分类

布鲁姆认为，完整的教育目标分类学应包括三个主要部分：①认知领域，指有关知识的回忆或再认，以及理智能力和技能的形成等方面的目标。包括对知识的描述、认出、界定、说明、列举，形成对知识的转换、举例、摘要、归纳、重写等方面的理解，具有证明、解决、修改、发现、预测等方面的知识运用能力和判断、辨别、分解、指出、细化等方面的分析能力，以及设计、组织、筹划、创造、整合等方面的综合能力和比较、支持、批判、评论、鉴赏等方面的评价能力。②情感领域，包括对知识的接受、反应和价值判断等方面的变化，以及鉴赏、内化和对原有知识结构的优化。③动作技能领域，强调肌肉或运动技能对材料客体的某些操作或需要神经肌肉协调的活动。通过感官刺激、线索选择形成知觉，激活心理、身体、情绪的准备状态，产生模仿、尝试错误等引导反应，诱发由熟练而成习惯的机械练习、复杂动作行为的复杂反应，以及新的行为方式及动作的创新意识。

（二）教学评价体系

布鲁姆于1971年提出了诊断性评价、形成性评价、终结性评价三个教学评价概念。教学评价的对象和范围是相当宽泛的，布鲁姆所研究的则是对学生的学习效果的评价。

（1）诊断性评价。诊断性评价是在学期开始或一个单元教学开始时，为了了解学生的学习准备状况及影响学习的因素而进行的评价。诊断性评价包括各种摸底考试，旨在查明学生已有的知识水平，能力发展情况，以及学习上的特点、优点与不足之处，从而更好地明确教学目标、组织教学内容、选择教学方法，以便对症下药、因材施教。

（2）形成性评价。形成性评价是在教学实施过程中，为了准确把握学生学习情况和改善教学效果而进行的评价。例如，课堂提问、课堂小测验、单元测试等。形成性评价的作用是及时诊断教与学的状况，发现错误和问题，形成反馈-矫正系统，从而采取必要的补救措施，促进教学目标的实现。

（3）终结性评价。教学活动完成以后，需要对学生给予量化的学习效果鉴定或学业成绩评定，这就是终结性评价。终结性评价可以在完成教学活动以后进行一次全面的考核、测验或技能鉴定，也可以把教学过程中的形成性评价与最后一次考核结果按一定比例结合起来形成综合评价。终结性评价主要用于评价教学目标实现情况，即学生的实际学习效果和教师的实际教学效果。

（三）掌握学习教学策略

（1）掌握学习的基本思想。掌握学习是有关教与学的乐观主义教学理论，是一种群体教学与个别教学相结合的有效教学形式。①学生具备必要的认知结构是掌握学习的前提。学生开展新学习任务所需的认知条件越充分，他们对完成新学习任务越积极，学生原有的认知结构决定着新知识的输入、理解和接纳，对学习结果和以后的学习都有重大影响。由于不同学生的认知结构在数量上和质量上存在差异，布鲁姆主张在开始新学习任务之前对学生进行诊断性评价，以确定学生是否必备先决技能、先决态度和先决习惯，并鉴定学生对教学目标的可能实现程度，辨别学生需要帮助的程度。根据诊断性评价的结果来设计教学方案，为学生提供更切合实际的帮助。②学生积极的情感特征是掌握学习的内在要素。学生成功地完成新学习任务与他的情感特征有较高的相关性，那些具有较高的学习动机、学习兴趣和学习主动性的学生，能够产生更好的学习效果。教师在教学过程中应合理满足学生的情感需要，增强学生学习的内驱力。③反馈-矫正系统是掌握学习的核心。通过教学评价体系实时掌握学生对教学目标的实现程度和差异情况，及时调整教学策略，如果教学班整体情况欠佳，应调整教学进程或知识难度；对少数“差生”则应开展有针对性的个别辅导或学习方法指导。

(2)掌握学习的特点。①不改变学校和班级组织。掌握学习在普通的学年制班级里实施，既进行集体学习，又针对个别情况进行反馈-矫正，一定程度上解决了集体学习与个别需要之间的矛盾。②教学评价贯穿于教学过程，为掌握而教。诊断性评价是制定教学目标的基础和依据，可以使教学目标更切合实际；形成性评价可以及时了解集体学习情况和个别需要，及时调整学习活动和教学进程，实施基于反馈-矫正的个别辅导策略；终结性评价则可以给出较准确的学习效果鉴定。③能帮助学生树立信心，使人人都能学好。布鲁姆的掌握学习策略以能力优劣不等的学生为前提条件，以集体学习的教学方式为手段，能使每一个学生都达到一定的学习水平，寻求一种既能保持班级教学的优越性，又能有效解决班级教学一筹莫展的“差生”问题的策略。

(3)掌握学习的基本教学程序。①准备阶段。首先，教师和学生都必须对掌握学习抱有信心，在掌握学习实施之前应进行诊断性评价。其次，确定所教学科的内容、目标和测量手段，包括确定学习内容、明确教学目标和教学评价方法。再次，制订计划(课程授课计划或学期授课计划)，包括设计教学单元、为每一个单元确定具体的掌握目标、根据单元的教学目标编制单元形成性测验、设计备用的教学材料和矫正手段，以供学生在学习中遇到困难和问题时选择使用。②教学实施阶段。一般分为三个步骤：第一，为掌握定向，即向学生介绍掌握学习的一般程序，使学生适应这种学习方法。第二，为掌握而教，即进行系统的教学。其具体步骤：集体授课—形成性测验—分析测试结果并根据掌握学习情况进行补充学习或个别辅导—再进行一次平行性形成测验，直到大部分学生都掌握单元知识再转入下一单元的学习，循环往复，直到学完全部教学任务。第三，实施终结性评价，为掌握分等。完成教学任务以后，必须对全班学生进行终结性评价，作为学习结束的全面评定。终结性评价通常采用百分制或五等计分制，及格以上界定掌握并有若干等级，不及格者是未掌握。

第二节 课程教学改革的理念更新

一、知识经济时代的人才培养转型升级

(一)知识经济时代的标志特征

知识经济是以知识为基础、以脑力劳动为主体的经济。1997 年 12 月，中国科学院提交了《迎接知识经济时代，建设国家创新体系》的报告。该报告提出了面向知识经济时代的国家创新体系，具体包括知识创新系统、技术创新系统、知识传播系统和知识应用系统。知识经济是以知识为基础、以脑力劳动为主体的经济，是与自然经济、工业经济相对应的一个概念，工业化、信息化和知识化是现代化发展的三个阶段。教育和研究开发是知识经济的主要部门，高素质人力资源是知识经济时代最重要的资源。

知识经济时代就是以知识运营为经济增长方式，使知识产业成为龙头产业、知识经济成为新的经济形态的时代。知识经济时代至少具有以下标志特征：

(1)资源利用智力化。从资源配置来划分，经济社会发展必须依赖劳动力资源、自然资源、智力资源。知识经济是以科学、技术、工程不同层面的知识和智力支撑为基础的，强调节约并更合理地利用已开发的现有自然资源，通过智力资源去开发富有的、尚待利用的自然资源。

(2)资产投入无形化。知识经济是以知识、信息等智力成果为基础构成的无形资产投入为主的经济形态，无形资产成为发展经济的主要资本。无形资产的核心是知识产权。

(3)知识利用产业化。知识密集型的软产品，即利用知识、信息、智力开发的知识产品所载有的知识财富，将大大超过传统技术所创造的物质财富，成为创造社会物质财富的主要形式。

(4)世界经济全球化。高新技术的发展，缩小了空间、时间的距离，为世界经济全球化创造了物质条件。全球经济的概念不仅指有形商品、资本的流通，更重要的是知识、信息等智力资源的流通。在经济全球化背景下，以知识产权

转让、许可为主要形式的无形商品贸易加速发展。

(5)知识海量化与知识更新快速化。进入知识经济时代，知识在数量维度上呈现海量化趋势、在质量维度上呈现定向化趋势、在时间维度上呈现几何级数加速度推进趋势。当代人类知识库所拥有的知识，如果全部实现数字化表达，即采用计算机领域的字节来进行存储，完全可以形象地称为“海量知识”，并表现出明显的大数据特征——数量体量巨大、速度快、多样性、低价值密度和巨大的应用空间。

(二)知识经济时代的人才需求特征

人类文明进入知识经济时代，这对社会成员的知识水平和能力体系都提出了更高的要求，终身学习不再是一种追求，而是生活的本质内涵。

(1)面向目标的知识获取能力。传统方法下的人类学习过程，是一种知识感知、记忆、内化的过程，目的是形成个性化的智力资源。农业社会时代，知识掌握在少数人手中，人们只能通过学习获得知识并提升能力，从而形成“学而优则仕”的格局，也形成“知识就是财富”的社会共识。进入工业社会时代，人们日益认识到知识在推动经济社会发展中的巨大价值空间，高度重视科学技术和知识创新，“知识就是力量”的价值认同推进着公共教育事业的发展，教育成为传播知识、普及科学、推广技术的基本途径。在这种背景下构建的国民教育体系中，教师通过传授知识体现自己的社会价值，学生通过学习知识提升综合职业能力，奠定未来的职业发展基础。随着知识在量上的迅速发展和知识更新速度的不断加快，人们发现光靠学校教育已不能适应经济社会对职业人的要求，终身学习的理念应用而生，即个体需要在职业生涯中不断学习来适应社会对职业人的知识要求。

对于知识经济时代的社会成员来说，不可能把所需要的全部知识采用记忆的方式融入脑海，巧妙利用现代信息化手段和工具获取知识，已成为当代人的重要能力，也是个体智力水平和智力资源的差别所在。面对海量知识及其所导致的人脑“无能”，信息时代提供了一系列的技术和手段来延伸人脑或强化人脑功能，这就是互联网、移动互通联网、大数据、云计算、物联网、人工智能等现代信息技术。大量的知识、信息存储云端(云服务实际上是一种基于互联网的现代信息处理策略和手段)，使云端成为全人类的知识存储公共空间，社会成员可通过多种途径来获取、利用、传输、处理海量知识与信息。换言之，知识经济时代的社会成员，并不需要依赖大脑来存储全部知识，只需具备快速地从各种知识库中获得面向任务的知识和其他智力资源的能力，就能有效地丰富自己的智力资源，提高综合职业能力。

知识经济时代的人才培养，更应该关注知识获取能力的训练和提升，高效率地获取知识和信息已成为新时代成功人士的基本素质，只要善于根据自己的发展目标或努力方向高效率地获取所需知识，就具有更强的智力资源支撑，在职业发展过程中就能具有更高的起点和潜力。

(2)面向效率的工具应用能力。①文明价值：工具进步是人类文明进步的重要标志。工具是人类器官的延伸，善于利用工具是人类文明进步的基础和前提。工具发展是一种渐进式过程，某一时代的人总是很容易地能够学会使用当时的工具，但对已淘汰的工具必然无暇顾及，大清朝的男人善于犁田耙地，女人善于纶麻绩线纺纱织布，但对于没见过的工具要学会实在不容易。50 年前计算机属于高新技术范畴，只有科学家们才能使用，而当今世界电脑已成为基本工具，互联网和移动互联网为人们的日常生活提供了极大的便利。②任务分解：工具应用与工具研发的社会分工。在现代信息技术领域，软件开发者必须在任务目标中具有高智力投入，充分考虑不同用户可能出现的任何问题和全方位需求，使软件产品高质量地服务于用户。与此同时，软件开发过程中必须假想用户“傻瓜化”，即让没有计算机知识背景知识和操作经验的人也能使用软件完成任务。人类进入知识经济时代，一方面，现代工具为人类服务的技术和水平越来越高，这为我们的学习、生产、生活行为提供了极大的便利；另一方面，人类对现代工具的依赖度越来越高，需要学习使用的工具越来越复杂，现代工具应用能力成为现代人的重要能力指标。为此，为了降低社会成本，已初步构建一种新的社会分工机制：工具研发者和工具生产者的目标是实现工具的价值和使用价值，对工具需要完成的任务及全部解决策略和技术手段，必须是高智力、高水平、高科技含量和持续改进的，相关人员必须是本领域的专家；工具进入市场以后，使用者可以“傻瓜化”，即只需要付出最少的学习或熟悉时间成本就可以利用工具完成任务。以农林科技领域广泛使用的 SPAD502 为例，农业科技人员使用它可以进行叶绿素相对含量的无损快速检测，轻轻一夹植物叶片即可得到结果，从而了解植物生长发育状况。该仪器的技术原理是由一个红色 LED(峰值波长 650 nm)和一个红外 LED(峰值波长 940 nm)提供主动光源，检测对象(叶片)对 2 个 LED 光源的透射率即可反映叶片的叶绿素含量水平，其中涉及复杂信息智能感知、模拟信号转化为数字信息以及特定的数学模型。作为仪器使用者，农林科技人员并不需要完全学懂这些技术原理，花 1 分钟时间学会操作即可熟练使用。

(3)面向任务的知识组织能力。在知识海洋中遨游，必须具有高超的知识组织能力，即将面向具体任务的相关知识有效地组织起来，才能高效率地完成现实任务，实现任务目标。在现代经济社会体系中，任何一个团队完成特定目标任务，都需要面向目标任务分析知识需求和能力要求，再根据目标任务需求来组织团队，这要求团队具有特定的知识结构和能力体系，并能在此基础上利用云服务和传统媒体及现代多媒体等知识存储公共空间和私人空间，依托知识获取能力、知识组织能力、工具应用能力来提升团队整体水平，高效率地完成目标任务。

(三)知识经济时代的人才培养转型升级

在“互联网+”、数字中国建设等战略背景下，必须开展知识经济时代的人才培养转型升级。中国高等教育已进入普及化阶段，卓越农林人才教育培养计划是高等教育普及化时期的精英教育板块。针对现代农业生产的新要求和新特征，积极开展分类培养、连续培养、协同培养改革，更新教育教学理念，全面提升学习者的知识获取能力、知识组织能力和工具应用能力，已跃入人力资源开发深水区。

(1)秩序重构：教育三要素重新定位。教育三要素中，受教育者是主体和服务对象，传统理念下的学生的主要任务是学知识，“好好读书”成为每个家长教育子女的高频词，但知识经济时代的学生不再是简单的知识接受者，而必须以知识为载体，在学习过程中提升知识获取能力、培养知识组织能力(思维训练)、训练工具应用能力。当然，不同层次的教育具有较大差异，体现为“小学生背书、中学生读书、本科生生看书、研究生翻书”，进入高等教育阶段的学习者，已具有较雄厚的背景知识和较强大的学习能力，对他们来说，“读书”不再是简单的知识感知、记忆、内化过程，更重要的是在于面向目标的知识获取能力提升、面向效率的工具应用能力训练和面向任务的知识组织能力培养。知识经济时代的教师不应是简单的知识传播者，他们应该服务学生，成为思想品德导向者、人力资源开发者、心理潜能激活者，即所谓“一流教授传理念、二流教授讲方法、三流教授教知识”，“好好学习”肯定能够“天天向上”，但“向上”的效率很大程度上取决于教师的水平和投入度。教育机构是教育资源提供者、教育活动组织者、培养质量监控者，是全部教育教学活动的实施平台；在教育教学活动和教学实施过程中，学生实现知识获取能力的提升、知识组织能力的培养、工具应用能力的训练。

(2)手段更新：计算机辅助教学与教育信息化。计算机辅助教学(CAI)是在计算机辅助下进行的各种教学活动，是以交互方式与学习者探索教学内容、实施教学进程、完成学习任务的方法与技术。CAI是计算机科学、教育学、心理学、信息技术和具体专业领域等多门学科交叉应用形成的综合性技术。它既是一个十分广阔的计算机应用领域，又是一项重要的现代教育技术。近年来，现代教育技术迅速发展，从多媒体课件的应用和普及，发展到微课、私播课、慕课等的广泛应用，为卓越农业人才培养提供了大量的数字化教学资源，各类虚拟仿真实验室在生物学、作物学、动物学、林学等领域呈现出广阔的应用前景。卓越农业人才培养要重视加强教育信息化资源建设，并应善于利用这些现代教育资源提升人才培养质量。

20世纪90年代计算机辅助教学就开始推行，20多年来取得了令人瞩目的成绩，但CAI应用领域也存在诸多问题：一是支撑技术发展迅速，应用领域难以跟上时代步伐。早期推广使用多媒体课件，可以大大提升教学素材呈现效果，减少教师板书时间耗费，但计算机领域提供的制作软件是不断发展的，专业教师在跟进专业领域发展动态的同时跟进教学软件的更新很困难。二是计算机辅助教学系统开发是典型的计算机专业技术人员与专业教师的跨学科合作，这种合作很难达到"无缝对接"状态，计算机专业技术人员不懂教学内容的表达需求和知识链之间的逻辑关系，专业教师不懂计算机的表达潜力和呈现特征，其间还涉及教育教学规律和学生心理特征与接受能力等因素。三是虚拟仿真实验室建设需要投入大量的人力、物力和财力来进行基础素材的采集和知识模型、学习模型的构建，图像、动画、音频、视频资源采集技术并不复杂，但面向教育教学目标的教学素材采集却是一个庞大的系统工程。近年来，已涌现一些专业化公司从事教学软件资源开发工作，他们可以组织不同领域专业开展深度合作，前景是乐观的。

(3)目标转向：知识获取能力、知识组织能力、工具应用能力。教育的目的是激活受教育者心智潜能，而如何有效地激活受教育者的心智潜能，则是贯穿世界教育史的重大课题。传统教育模式是基于知识是社会特权性稀有资源的精英教育模式，这种模式的运行机制是通过对特权阶层或精英分子进行知识传授，让受教育者拥有更多的知识，具备更强的分析问题和解决问题的实际能力，从而维护特权阶层利益或利用精英分子实现对社会的有效治理。人类进入知识经济时代，知识海洋的扩大和知识的高速更新，不仅使知识成为大众化资源或公共资源，同时也使知识传授遭遇前所未有的困境：知识传授者感觉传授时间有限，知识学习者感觉学习时间有限，穷尽一生也学不完想学的知识。因此，知识经济时代的人才培养目标应进行整体转向，明确知识的价值在于应用，学习知识的目的是为未来职业生涯奠定知识基础，知识是能力提升的载体，教育教学活动必须围绕学生知识获取能力、知识组织能力、工具应用能力的提高来实施全方位的人才培养改革。为此，学生作为受教育者，应为知识获取能力提升、知识组织能力培养和工具应用能力训练定向吸取养分；教师应重视知识价值密度分析，重视克服思维惰性训练，重视对学生能力的定向教育和指导；学校应持续加强教育教学资源建设，丰富硬件和软件资源。

二、泛在网时代的人才培养理念创新

互联网和移动互联网迅速发展，渗入到了人类生产、生活的各个领域，人们已置身于无所不在的网络之中，体验着无所不含的信息服务和应用，这就是泛在网络。泛在网络提供“4A”化通信，即任何时间（Anytime）、任何地点（Anywhere）、任何人（Anyone）、任何物（Anything）都能够顺畅地通信，网络泛化而进入人类生活的方方面面。人类进入泛在网时代，人才培养的工具、手段和教育教学资源发生了颠覆性变化，人才培养理念必须更新。

（一）重新定位教师职责

教育界普遍认为，好教师应体现为善于传授知识（当然教师自己应具有广博的知识），教学过程中重视教学内容的组织和教学方法的设计，具有高超的教学艺术，善于组织课堂教学，课堂秩序好。这些表述肯定是没错的，但深层次追究“好教师”个案，一是存在“好教师”形象标准导向问题，笔者多年随堂听课，发现一位年轻教师上课45分钟之内设问11次，每次学生都答不上来，询其原因，答曰：“不是要求多开展师生互动吗？”二是存在“知识传授”目标导向问题，课堂秩序好，学生听得认真，当然知识传授目标实现度高，对于中小学教育而言，知识传授中心主义无可厚非，但高校教师更应关注知识传授过程中的思维开拓，以及知识获取能力的提升和知识组织能力的训练，绝大部分高校教师都强调学生上课必须做笔记，笔记越详细越好，可以思考一下，为什么要记笔记，复制一下老师的课件不更简单吗。传统教育时代，老师讲的新知识可能教材里没有，也没有其他途径可以获取，做笔记可以备忘。心理规律表明，做笔记的时候学生要分散注意力写字，淡化了教师的语言刺激效果，也无法思考教师语言表达中的知识链逻辑关系和关联知识联想，淡化了教学过程中的思维开拓职能。

高等学校的教师角色定位，至少不应该是简单的知识传授者，而应该在充分体现立德树人的基础上，准确定位教师职责。

第一，教师是学生的思想品德导向者。我们的教育事业是培养社会主义事业建设者和接班人的伟大事业，立德树人是教师的首要任务。2018 年 5 月 2 日，习近平同志在与北京大学师生座谈时指出：要把立德树人的成效作为检验学校一切工作的根本标准，真正做到以文化人、以德育人，不断提高学生思想水平、政治觉悟、道德品质、文化素养，做到明大德、守公德、严私德。要把立德树人内化到大学建设和管理各领域、各方面、各环节，做到以树人为核心，以立德为根本。

第二，教师是社会的人力资源开发者。人体社会化是实现自然人向社会人的转变过程，主流的社会人应该是符合社会发展需要的全面发展的人，应具有一般生活技能和良好的综合职业能力。当代人的综合职业能力培养和形成主要依靠学校教育(不否认师徒传承的存在)，学校教育是一种广义的职前教育，教育教学活动本质上是一种人力资源开发活动。实现人力资源开发目标的途径有二，一是通过开发活动提高人的综合职业能力，使开发对象具有从事某类职业所需要的知识和技能；二是通过开发活动增强人的活力或积极性，使开发对象具有更高的工作热情和投入意识。教师作为社会的人力资源开发者，开展教育教学活动应以提升学生的综合职业能力为目标，以知识为载体，通过多样化的教育教学实践活动，提升学生的知识获取能力和知识组织能力，培养学生的积极世界观、人生观和价值观。

第三，教师是学生的心智潜能激活者。教育的本质是激活学生的心理潜能，而不是将知识强加给学生。因此，教师职责定位，首先要实现从知识传授中心主义向心智潜能激活和思维开拓转变。农业社会时代，知识就是财富，掌握了知识就意味着拥有财富，所以孔子周游列国不需要自备经费，范进中举欣喜若狂；工业社会时代，知识就是力量，拥有知识就可以改造世界、征服世界；知识经济时代，知识是经济领域的生产要素，在教育领域则是人智潜能开发和思维训练的载体。知识在具体应用领域仍然是财富或力量，但面对知识海洋的教育教学活动，不可能穷尽所有知识教给学生，只可能在有限的时间内通过知识传授让学生具有更强的知识获取能力和知识组织能力，通过知识传授开拓学生思维，激活学生心理潜能。

第四，教师的榜样效应。教师形象塑造，既是师德师风建设的内容，也是提升人才培养质量的重要途径。师德是教师职业道德的简称，它是教师和教育工作者在教育教学活动中必须遵守的道德规范和行为准则，以及与之相适应的道德观念、情操和品质。师风是教师行业的风尚风气，是教师群体在职责履行、人际交往、日常生活等社会活动中的总体表现。师德师风建设是教育界的永恒主题，高等学校更应重视师德师风建设，构建社会的榜样群体，具体而言，教师应符合“刻板印象”和公众期望，导师要成为做人、做事、做学问的典范，学术大师应该具有大智慧、大局观。

(二)数字教学资源的价值空间

传统教育的教学资源主要表现为教师所掌握的知识及其相关的智力资源，其限制了教育的功能发挥和传播能力，也形成了知识垄断和特殊的教师地位(这里并没有否定尊师重教之意)。人类进入泛在网时代，多样化的数字化教学资源及泛在网的传播机制，必将带来教育界的颠覆性变化。

数字教学资源是指经过数字化处理，可以在多媒体计算机上或网络环境下运行的，可以实现共享的多媒体学习材料。它具有多样性、共享性、扩展性、工具性等特点。数字化教学资源涵盖的内容十分广泛，包括多媒体课件库、多媒体素材库、视频资源库、网络课程、数字化图书馆、教师教学网站群、专业课程资源库等。

数字教学资源可以划分为五大类：①文本素材。文本素材的主要类型有教案、教材文本、学位论文、学术成果介绍、专业期刊、政策法规、人物说明、历史资料等以文字为媒介的教育参考资料等。文本素材的主要格式有DOC、TXT、PDF、HTML等。中文字体尽量用宋体和黑体，字号不宜太小和变化太多，背景颜色应与字体前景颜色协调。②图形(图像)素材。图形(图像)素材应采用目前计算机上通用的GIF和JPG格式。彩色图像的颜色数不应低于8位色素，灰度图像的灰度级不应低于128级，图形可以为单色。③音频素材。音频素材的主要类型有音乐类、音效类和语音等。音频数据存储的主要格式有WAV、MP3、MIDI和流媒体音频格式。数字化音频以WAV格式为主，用于欣赏的音乐使用MP3格式，MIDI设备录制的音乐使用MIDI格式，而用于实时交互的音频使用流媒体格式。④视频素材。视频类素材使用AVI、Quick Time、MPEG和REAL四种存储格式。在PC平台上主要使用AVI格式，Apple系列主要使用Quick Times格式，如果需要较大视频，则使用MEPG格式，如果在网上实时传输视频素材，则使用REAL流媒体格式。视频类素材图像颜色数不应低于256色或灰度级不应低于128级，素材中的音频与视频要有良好的同步。⑤动画素材。动画素材使用的格式为GIF、Flash、AVI动画、FLI/FLC格式。最好用GIF或Flash格式，动画色彩造型要和谐，帧和帧之间的关联性要强。

数字化教学资源有以下特点：①获取的便捷性。利用数字化教学资源的学生可以不受时空和传递呈现方式的限制，通过多种设备，使用各种学习平台获得高质量课程相关信息，可以随意实现信息的传送、接收、共享、组织和储存。②形式的多样性。数字化教学资源以电子数据的形式表现信息内容，其主要的媒体呈现形式有文本、图像、声音、动画、视频等，极大地丰富了信息内容的表现力。除此之外，其友好的交互界面、超文本结构也极大地方便了学习者的学习，虚拟仿真的应用也更有助于学习者对知识的记忆与理解。③资源的共享性。利用电子读物或网络课程实现的资源共享传播面要比普通信息资源共享的传播面大。④平台的互动性。数字化教学资源与以往传统的教学资源相比较，其最大的优势在于互动性，无论是通过网络媒介进行的学习方式，还是通过光盘等进行的学习方式，其双向交流的方式得到越来越多学习者的喜爱，一方面，学习者可以通过网络上的交流工具，实现与老师或学生之间的交互；另一方面，学习者还可以从学习软件的数据库中寻求问题的答案，同时也可将软件数据库自行更新。⑤内容的扩展性。数字化教学资源的扩展性主要表现在以下两个方面：①可操作性。数字化学习过程，既把课程内容进行数字化处理，同时又利用共享的数字化资源融合在课程教学过程中，这些数字化学习内容能够被评价、被修改和再生产，它允许学生和教师用多种先进的数字信息处理方式对它进行运用和再创造。②可再生性。经数字化处理的课程学习内容能够激发学生主动参与到学习过程中的热情，学生不再是被动地接收信息，而是采用新颖熟练的数字化加工方法，进行知识的整合、再创造并成为学习者的学习成果。数字化学习的可再生性，不仅能很好地激发学生的创造力，而且能为学生创造力的发挥提供更大的可能。

数字教学资源作为一种基于现代信息技术和现代教育技术的教学资源，通常需要利用以下几种表现策略：①多媒体呈现。网络环境中的信息丰富多彩，可以为学习者提供文本、图形、视频、动画和声音等多种媒体信息，增加教学内容的真实性、科学性和趣味性，从而提高学生的学习积极性，有效地激发和维持学习者的学习兴趣。②超文本组织。超文本是一种非线性的搜索行为，是一种参照人的联想思维方式非线性地组织管理信息的先进技术。网络课程的非线性结构符合人类的认知规律，可以实现教学信息的灵活获取，有利于学习者进行联想思维。③系统性指导。网络课程的章节学习指导可以包括学习建议、学习策略、学习目标、单元测验、单元作业等，这样可以帮助学习者高效地完成学习任务。④内容整合性。知识内容的组织要由简单到复杂，使学习者渐进、逐步深入地学习课程知识。各种课程内容之间具有横向联系，能帮助学习者获得统一和系统的观点。

(三)泛在网的传播机制应用

(1)泛在网的传播机制极大地提高了教育资源的利用率。人类进入泛在网时代，网络通信为任何人、任何事务、任何地点、任何时间提供全方位的服务，为数字化教育教学资源提供了现代化的传播机制，极大地提高了教育教学资源的利用率和利用效率。传统教学模式下，班级授课制的受益面限制在30~50人，学术报告也限于数百人，而挂接于中国大学MOOC网的网络课程覆盖全国高校，优质网络课程可以同时服务于数百所高校的几十万学生。目前教育部全力推进“金课”建设，由优秀教学团队打造的精品在线开放课程，受益学生可达数千万，极大地提高了优质教育教学资源的利用率和利用效率。

(2)泛在网的传播机制有助于教育公平的实现。传统教育模式下，教育公平与教育质量、教育公平与教育效率、教育公平与教育资源等始终都是不可调和的矛盾，只有少数人能够享受优质教育教学资源，导致家长们千方百计想让自己的孩子进入重点学校，因为考不上大学就无法享受高等教育资源，教育资源的稀缺性和知识垄断使教育公平停留于理想状态。借助于泛在网的传播机制、网络资源共享机制和多维利益联结机制，优质教育教学资源无处不在、无时不在，客观上推进了教育公平的实现。

(四)人工智能与智慧教育

人工智能是当今世界最活跃的前沿学科，它涉及计算机科学、心理学、哲学和语言学等众多学科领域，是典型的多学科协同创新研究领域。人工智能模拟、模仿人类智慧，其技术原理是由研发人员赋予机器相应能力：机器学习、深度学习赋予机器学习能力，语音识别、视觉识别、自然语言处理赋予机器交际能力，形象思维、逻辑思维、创新思维赋予机器思维能力，自主意识、自主决策和自主作业赋予机器自主行为能力。

(1)如何理解人工智能与教育的关系。人工智能在教育领域的应用可以追溯到20世纪70年代。当时，研究人员感兴趣的是见证计算机如何取代“一对一”人工辅导，计算机辅助教学被视为最富有成效但大多数人难以达到的教学方法。人工智能在教育领域的应用朝着多个方向发展，首先是面向学生的人工智能(为支持学习和测评而设计的工具)，然后是面向教师的人工智能(为支持授课而设计)，还有面向系统的人工智能(为支持教育机构管理而设计)。实际上，人工智能与教育之间的互动不止于此，除了课堂上的人工智能应用(即“使用人工智能学习”)，还有会教授人工智能技术相关知识(即“学习人工智能”)以及帮助大家准备好应对人工智能时代的生存技能(即“为了人机协同而学习”)。通常将教育人工智能应用分为三大类：面向系统的、面向学生的、面向教师的。但为了方便研究和讨论，我们按四种需要将新兴和潜在人工智能应用分为四大类：教育管理和供给、学习和测评、赋能教师和提高授课质量，以及终身学习。

(2)利用人工智能支持教育管理和教育供给。人工智能技术正越来越多地应用于支持教育管理和教育供给。这些面向系统的应用并不直接支持教学，而是旨在实现学校行政管理各个方面的自动化——建立在教育管理信息系统的基础上，涵盖招生、排课、考勤、作业监测以及校务监管等。这类基于大数据的管理系统，为教师和学校管理人员提供了相关信息，偶尔也向学生提供指导，例如，分析预测哪些学生有不及格的风险。从教育体系得来的大数据也有助于教育供给方面的政策制定。公立教育机构越来越多地使用大数据来创建数字化、交互式的数据可视化工具，在此基础上为政策制定者提供了教育体系的最新信息。

(3)利用人工智能支持学习和测评。面向学生的人工智能技术应用，最受研究人员、开发者、教育工作者和政策制定者关注。这些称为“智能导学”的应用工具被视为“第四次教育革命”的一部分，旨在为每位学习者提供优质、个性化和无处不在的终身学习(正规、非正规以及非正式)机会，不论他们身在何处。在所有人工智能教育应用程序中，智能导学系统是具有最长的研究历史，且在教育领域最常见的人工智能应用程序之一，而且它的受众(学生)人数也是最多的。此外，多年来，这些系统吸引了最高水平的投资和关注，备受世界上领先科技公司的青睐，而且全球各地的教育体系一直采用这些系统，学生用户群体数以百万计。

智能导学系统的工作机制：围绕数学和物理等结构化科目中的议题，为每位学生提供个性化的分步教程。系统会借鉴相关科目和认知科学的专业知识，通过各种学习资料和活动决定学生的最优学习路径，同时针对个别学生的误解和成绩做出回应。在学生参与学习活动的过程中，系统会采用知识追踪和机器学习方法，根据个别学生的优劣势自动调整难易水平并给予提示或指导，这一切只为确保学生能够高效地学习相应主题。有的智能导学系统也会捕捉和分析学生情绪状态的相关数据，包括通过监测学生的目光来推断他们的专注水平。这看起来虽然颇有吸引力，但是需要认识到，智能导学系统中所体现的假设和典型的指令式知识传播教学方法存在局限性，它忽视了其他方法带来的可能性，比如协作学习、引导性发现式学习和从错误中学习等。而且，在智能导学系统大量应用的同时，还引发了诸如减少师生之间的沟通交流等问题。

(4)人工智能为教师赋能。尽管面向教师的人工智能应用具有增强教师能力的潜力，但迄今为止，利用这些应用来提高教学水平受到的关注，远远少于面向学生的人工智能。许多面向教师的人工智能应用旨在通过自动化任务，如评估、剽窃检测、管理和反馈，帮助教师减少工作量。这些应用的产生是源于人们认为一些琐碎的工作应该减少或避免，而后为教师腾出更多的时间投入到其他任务中，比如为个别学生提供更有效的支持。但是，随着人工智能的发展，教师可能得到更大程度的解放，以至于有些人认为可以消除人类教师这一社会角色。当然，这是极端的认知，普遍的认知是随着人工智能工具在课堂上的普及，教师的角色可能会发生变化。所以，教师必须培养新的能力，才能够与人工智能有效合作。目前的人工智能与人类的“双师”模式，不管是有意还是无意，都取代了教师的一些任务，并不是我们所期许的人工智能协助教师更有效地教学。人工智能教学助手或许才是未来的发展方向。

人工智能可以帮助教师完成许多任务，包括提供专业知识资源，监测学生表现等。但是，教什么以及如何教仍然是教师的责任和特权，人工智能仅仅是教师的工具。人工智能驱动的教学助理如前所述，许多技术的设计目的是让教师从耗费时间的活动中解脱出来，如考勤、批改作业和反复回答同样的问题等。这样一来，人工智能技术实际上“接手”了大部分教学工作，不可避免地减少了师生之间的交流，冲淡了师生之间的感情，最终可能会发展到教师沦为功能性角色的地步。作文自动评阅系统是一个新兴的人工智能程序，它的目的就是减轻教师大量阅读、评论作文的负担。然而，正如上述所指出的，虽然评阅工作可能很繁重，但它同样是一个教师了解学生能力和思想的重要机会。如果使用作文自动评阅系统，这个机会就会丧失。此外，这种软件显然也低估了教师的能力和经验。

三、教育教学实践中的泛在网思维

人类本身所具有的思维特质，无论是逻辑思维还是形象思维，始终是思维的基础，互联网思维同样是基于人类思维特质的思维模式拓展。传统思维模式是一种线性思维，发散性思维成为创新思维的表现形式。互联网思维是“互联网+”时代背景下的思维模式拓展，它融合了“互联网+”时代的技术创新成果和思维创新理念，改变了传统思维模式，敢于创新，勇于实践。互联网思维在教育教学领域的应用，可以表达为教育教学活动中的互联网思维，有助于推进知识经济时代的人才培养转型升级。

（一）用户思维：服务学生的成长成才需求导向

IT 行业将客户称为“用户”，将这种用户思维运用于教育教学实践，就是服务学生的成长成才需求导向。学校教育要坚持服务于学生成长成才的需要，是教育界的共识，不少学校的管理明确提出的“以学生为中心”“一切为了学生、为了一切学生、为了学生的一切”，就是这种思维的鼓动性表达，关键是怎样将这种思维贯彻到教育教学的全部实践活动之中，实现全员育人、全方位育人、全过程育人。

(二)物联网思维：基于效率的工具应用能力训练

物联网实现了物物相联、人物对话，体现了人物交流超体验。从某种意义上来说，人类文明是一部工具发明和工具应用的进化史，不断出现的新工具实现了人类器官的延伸，在“互联网+”时代，人类可以指挥或控制机器、设备、装置，甚至可以控制农业生物的生长发育，工具应用达到了前所未有的高度。随着工具的不断推陈出新，生产、生活中需要使用的工具种类越来越多，对人类的要求也越来越高。为此，人才培养过程中，必须具备基于效率的工具应用能力训练的物联网思维。目前，计算机成为人人必用的基本工具，驾驶技术成为人人必备的基本技能，卓越农业人才更需要掌握现代仪器设备和多样化的专用工具，乃至于农业传感技术、农业遥感技术、农业物联网技术、现代通信技术等方面的工具和手段，同时必须依赖高效率的工具应用能力训练体系和思维模式。

(三)网格化思维：任务驱动的知识组织能力培养

互联网是一个全球性的网络系统，形成了全球性的资源共享和信息交流等一系列变革，从而演绎出合作空间无极限的网络思维和网格化思维。人才培养的终极目标是提升受教育者的综合职业能力，学习的目的是解决现实生活和生产过程的实践问题，完成特定任务。教育教学实践中，要具有基于任务驱动的知识组织能力培养理念和思维背景，让学生学会有效地面向具体任务组织知识，学会分析知识本体和知识链逻辑关系，构建面向任务的知识体系。

(四)大数据思维：面向目标的知识价值密度判别

现代信息技术的发展为大数据采集、存储、处理和应用提供了全新技术，使低价值密度、海量、高速、真实、多样化的大数据资源实现了数据价值超体验，从而形成了信息化价值飙升的大数据思维。老师教知识、学生学知识，学生掌握的知识越多越好，这是绝大多数人的常识性认知。但是，人类进入了知识经济时代，知识海洋是任何人都不可能穷尽的，反过来还可能存在知识和信息过量化压抑思维的问题(人脑容量有限，过多的信息存储导致思维空间减小)，因此无论是教师还是学生，都要有知识价值密度判别意识，教师教知识必须分析知识本体对学生的知识价值密度，学生学知识也必须分析知识本体对自己职业发展的贡献度。

(五)云计算思维：知识海洋的知识获取能力提升

云计算为用户提供了多样化的云服务模式，但本质上并没有增加新的资源，而是实现了全球资源的颠覆性共享，极大地拓展了开放性和透明度，实现了开放性概念颠覆的云计算思维。随着知识本体的数字化表达技术的迅速发展，云计算已发展为人类知识库的公共存储空间。在知识海洋遨游，在于你是否具有较强的知识获取能力，而不在于你现在掌握或记忆了多少知识。因此，教师应有意识地训练学生的知识获取能力，学生自己也必须不断提升知识获取能力。

四、泛在网时代的学习理念

泛在网时代急速推动学习理念向个性化学习、持续性学习转变，学习方式也随之发生巨变。新一代信息技术的发展作为第三次工业革命浪潮，大力推动了以人为本的创新 2.0 知识社会的演进，人类的学习方式也必将发生深刻的变革。2015 年，英国开放大学教育技术研究所(IET)提出了创新教学的六种首要特性：规模化、连通性、反馈性、延伸性、具身化和个性化。“互联网+”时代，学习方式的“新”意味着学习是连接一切、跨界参与、个性化定制以及创新驱动的，其体现在学习的规模化、跨界化、定制化、创新化方式中，包含了学习者对海量链接式资源、教学界限突破、推送式知识配置以及动手创新的学习诉求，是学习者对“我需要学什么、怎么学”的时代呼声。

(一)规模学习理念

规模学习是网络时代学习的大规模发生形式，“规模”主要是指同时参与学习的学习者人数和教学资源的数量。互联网技术的快速发展，推动了教育在全球范围内的大规模扩展，在线学习浪潮席卷世界各地，如慕课(MOOC)的出现，爆发式地增加了全球学习者的人数、在线平台的数量和网络课程与资源的数量，成千上万的人得以享受高等院校的课程学习，得到更多自主学习的机会和优质教育资源。其中，“大众化”是规模学习的重要特征，让网络教学以大规模在线开放课程的形式为全球范围的学习者提供了更丰富的学习体验。规模学习的优越性在备受期待的同时也承受着教育界对学习质量评估和个性化教学的质疑声音，但不可否认的是，规模学习体现了网络时代的全球教育与终身学习诉求，将会成为未来教育的发展方向。在大众化学习中，学习者可以在互联网平台上发布问题或讨论主题，上传文本、图片、视频和计算机程序等各种媒体资源，与其他用户交流，相互回答和评论，集思广益，比如果壳问答、知乎论坛、网易云课堂等。在公民探究学习方式中，社会公众可以通过网络平台，自发参与学科调研、科学项目或各种政府建设咨询项目，结合在线探究式学习提出针对具体问题的解决方案。这些互联网学习平台注重个人知识的汇聚以及传播，往往结合移动 APP、线下交流活动等多终端学习与交流服务，具有推送阅读、关注收藏、答疑、点评、投票等学习和社交功能，并且与微信、微博等其他热点社交平台对接。如今，规模学习依托更多开放、多元的在线泛学习社区，吸引了百万名热衷于碎片化知识、乐于交流分享的年轻人聚集，他们分享着不同领域的专业知识、经验和实用见解，使个人智慧通过聚集创造出指数化增长的知识价值，以庞大的公众影响力推动了社会终身学习的发展。

（二）跨界学习理念

随着互联网技术对多元化教学活动的融合推进，“跨界学习”理念应运而生。“跨界”原取“转型、转向”之意，后被多个领域引申为“跨界合作”，意指可以跨越两个或多个不同领域、文化乃至意识形态等范畴而产生的新领域、新模式、新风格等。“跨界学习”即跨越不同领域边界的学习，它糅合了正式学习与非正式学习、线上 e-Learning 和线下面对面授课、课堂教学与信息技术的多维度边界，覆盖了不同学科、不同场所、不同社会文化。“跨界学习”引领学习者得以跨越日常学习、生活和工作的边界，向更丰富的外界环境寻求多元素的混合学习方式。“跨界学习”是互联网时代的新型学习思路，从教和学的角度引申出了“混搭教学”和“多维学习”的概念，以打破不同学科教学与技术应用的界限，实现生动、多元的知识建构，并有效提高学习资源的利用率，让学习者通过学科内部、学科之间、课堂学习与在线学习、理论与实践之间的知识整合，实现融会贯通。

(1)混搭教学：推行多元混合的教学模式。网络教学不仅是线上线下教学的简单交集，而且是更多元的有机动态融合体系。混搭教学意指跨界学习理念下的多元混合教学模式，本质是把线上线下、课内课外以及跨学科教学领域相融合，从而构建成的 360 度全方位无缝教学理念。①全景教育：打造 360 度的学习空间。全景教育是在“跨界”与“混搭”的教学思潮影响下，结合互联网的连通性、社交性和个性化特征而诞生的新教学理念。全景教育是在互联网技术支持下融合非正式学习与正式学习形式的教学，“全景”是为了尽力突破传统课堂教学的时空边界，360度全方位地扩大教育活动开展的场所和学习发生的视野，把非正式学习无缝衔接到常规教学中。全景教育让学习可以发生在衔接课堂知识的任何空间，如工作场所、家庭环境、公益机构、居住社区等，学生可以利用一系列课内外资源来促进学习，包括互联网、书籍、博物馆、同伴、家人等。在融合非正式学习和传统班级授课的全景教学模式中，互联网发挥了师生之间、生生之间、人与技术之间的无缝连接优势，教师可以在课堂上给学生布置一个调查任务，引导学生从课上到课外完成。学生可以使用平板电脑、智能手机等移动网络设备，在教室、博物馆、家中、走道上等校内外一切场所搜集资讯，在线整理分析，并在课堂上进行讨论、分享和展示。②融合教学：重视学科相融的学习。融合教学相对于混合学习而言，不仅是线上学习和线下课堂教学的简单拼合，而且是学科内、学科间以及传统教学与信息技术的多元融合。从广义上看，传统混合学习中“混合”概念的含义十分宽泛，包括了各种学习方式、学习内容、学习环境、学习媒体、学习资源的混合。但目前的混合学习实践大部分基于狭义的“混合”概念，即“混合学习”特指通过面对面学习与在线学习相结合的方式来达成学习的目的，认为混合学习是面对面教学和计算机辅助在线学习的结合。在这一背景下，结合互联网的教育特性，融合教学相当于混合学习的3.0升级版本，本质是混合学习的改造与重塑，通过学科相融、技术相融进一步博采众长，相辅相成，相互结合和互补，以迸发出更强的教学优化效果。在融合教学中的跨界思维，可以扩大教学和研究活动的范围及形式。在“互联网+”教学时代下，跨界为教学带来了颠覆性的创新思维。

(2)多维学习：推广基于设备的立体学习方式。全景教育和融合教学为传统的面授课堂提供了新的教学视野，使混合学习的内涵得到了进一步延伸。多维学习是在面授课堂和计算机辅助教学的“二元结合面”上，通过增加学习设备的移动性和连通性维度所构建出的“立方体”学习方式，强调学习者通过设备获得学习的多维体验，包括链接式的学习生发、感知式的学习环境调控、情境式的资源获取等。其中，物联网的教学应用和自带设备学习模式，是如今多维学习的典型实践。随着笔记本、平板电脑、智能手机等学习设备的不断普及，“互联网+”教学的热点逐步转移到基于移动终端的“一对一”数字化学习研究与实践中，学生自带设备进课堂已成为新兴信息技术在教育中应用的大趋势。“超境”意为超级学习环境，是物联网技术所创造的互联学习环境，能让学习者通过各种联网的物件、设备便捷地获取更丰富、多元的学习资源。在教学应用中，学习者自带的移动学习设备大部分安装了各种学习用的 APP 应用程序，可以帮助他们实现更好的自主学习，如笔记同步管理、课程计划记录与校园日程表安排等。此外，学生携带自己的智能设备进入校园，也能更好地调动其学习兴趣与主动性。

(三)定制学习理念

定制学习是互联网技术支持下的个性化学习概念，即针对某个学习者特定的学习需求、学习基础、学习风格以及文化背景而提供的一系列有针对性的教学方法和技术支持服务。个性化学习的目标是为学生提供自主选择合适的学习策略和进度的机会。因此，有效的定制学习服务强调的是学习者的个性化学习与发展需求，而不是停留在冰冷的技术层面。借助互联网技术和各种应用、数据分析工具，学习者能随时随地获取量身定制的教育资源和个性化教学服务。在定制学习的理念下，自适应教学、潜行评价和基于证据的教学等多种个性化教学方法走进了“互联网+”时代的教学视野，位于成绩正态分布曲线两侧的学生也应得到教师的同等关注和合适的教学指导。

(1)尊重个别差异。随着对如何定制教学以满足学习者个性化需求的关注度逐渐增多，智能推送学习为学习者提供了更加多元化、差异化的教学服务。智能推送学习是自适应学习的进阶应用技术，意指计算机应用可以基于智能的数据分析，根据学习者的需求、兴趣、起点水平等个性化指标，对教学活动进行重新排序和组合，智能地提供有针对性的指导和评价，以协调解决学习者的知识差距问题，并促进学习。教师可以应用计算机软件，协助开展适用于不同层次的学习者的课堂活动，根据学生的反馈分析教学成效。智能推送学习的实现依赖于自适应学习技术，这是一种“复杂的、数据驱动的、在某种情况下非线性的指导和纠正方式，可以调整机器为学习者提供人机交互和示范演示，并对学习者在某一特定时期需要什么类型的内容进行预测从而及时跟进”，因而学习者的学习过程会被智能地调整，以自动适应其学习需求与学情基础。“互联网+”教学时代的教师已充分意识到，“一刀切”式的教学方法，不能同等适应学习困难的后进生与学习起点较高的学生的需求。在传统的高等教育环境中，教师几乎不可能为每一个学生都量身定制合适的课程内容和教学活动，因而自适应学习技术为智能推送学习提供了一种新的途径。个人定制学习，尊重个性化学习需求，已经成为传统教育改革的灯塔。

（2）重视内隐学习行为的价值。隐形评价是对自适应教学的拓展应用，这种创新的评价方法会在自适应教学过程中，通过数据监控持续跟踪学习者的学习能力，根据每位学习者的学情和能力，不断提供引人入胜的学习任务，以即时自动响应学生的学习行为，并对此做出评价，为教师提供科学的教学决策信息。其中，“隐形”的概念是指学生在学习过程中，可能不知道评估的发生。隐形评价会把评估过程融入游戏、虚拟仿真等各种学习活动，自动采集反映学生学习能力的数据，自动匹配计算机设定的教学目标，因而被称为隐形评价。

（3）构建数据学习新生态。随着信息技术的快速发展，社会步入了高速发展的数据化时代，人类的一切事项、决策与评估都以数据为证据，基于证据的学习也逐渐被教育界重视和认可。用数据说话，基于数据开展教学决策，对于在线教育领域尤其需要。其中，学习分析技术通过大数据的获取，挖掘学习者在正式学习、非正式学习或混合学习时的行为特征和数据价值，如学习者的兴趣、交流特点、参与在线活动的时间和频率等变量，对每位学生的学情进行监测并分析，能及时发现学习问题，调整教学过程，从而提高在线学习的绩效评估、过程检测和活动干预的成效，为教育决策制定者、教学者和学习者提供数据支持、科学指导。“互联网+”时代，数据已成为一种驱动力，以数据生发学习，创生学习，急速推动各行各业的发展。在学习测量领域，数据引擎是指在教学过程中以学生的学习行为数据为支撑，通过对教育大数据的获取、存储、管理和分析，将数据流贯穿整个教学生态系统，构建学习行为模型，对未来的教学行为、个性化学习指导进行更科学的预测和调整，以推动有效学习的发生。数据产生是过程性的，内嵌在课堂教学的每个环节中。因此，应注重搜集数据的真实性，真实的教学行为数据才具有分析的价值，借助过程性监测技术与互联网移动设备、可穿戴设备的辅助，学习分析可以在不影响学生任何日常学习与生活的情况下有效进行，使观察的结论更自然、全面和科学有效。

（四）众创学习理念

网络教学的众创学习是指大众利用网络、移动设备、加工工具和可穿戴技术设备，把创新想法创造成制品，在自身活动中掌握知识，促进学习的实践活动。众创学习重视大众化参与的创新和实践，重视新一代信息技术对学习者创造能力、动手能力和问题解决能力的培养，强调对身体和环境的认知。众创学习不再局限于物理概念中的教室，而是可以发生在创客空间、科技实验室、虚拟社区等各种空间，让课内外更多的学习者参与到了技术支持下的动手实践和具体学习活动中来。众创文化在创客空间中孕育而生，意指由创客活动所引发的，把创新的产品想法通过动手制造来实现的群众文化热潮。2015 年，“创客”被首次写入我国政府工作报告。“众创空间”得到了有力的政府支持，为创业创新打开了更高的平台。2014 年 5 月，全球范围内“超过 1400 个创客空间分布在超过 120 个国家，通过一个松散的网络互相连接”。在学习新内容时伴随身体动作，学生会产生更深层、更持久的记忆痕迹，得到更好的测试成绩，提高知识记忆的保留率，体验式学习的科学认知理论由此兴起。在体验式学习中，“体验-知识”概念通过身体活动而生成，是促进学习的强大力量。体验认知中的认知过程是情境性的，把认知内置于体验式学习环境中，环境也被认为是认知系统的组成，因而“认知、身体与环境之间紧密相连、不可分割”。互联网技术支持下的体验交互，将在学习空间、物理空间、虚拟空间和混合现实空间产生新的教学互动，促进有效学习的生成。

第三节　课程教学改革的理论探讨

一、知识价值维度理论

进入学校教育场域的课程知识，既具有一般知识的“品性”，也具有作为特定知识类型的独特“气质”。解析知识的这种独特性，不仅是理解知识及其价值意蕴的基础，而且是实践知识及其内在意图的诉求。在立德树人的背景下，探寻知识的道德价值逻辑自然也是更好发挥其德性价值的必然追求。因此，着眼于知识的价值维度及其道德价值逻辑，旨在探明知识的价值禀赋，以便切实彰显并发挥其立德树人价值。

（一）知识的价值属性

(1)知识与社会：导引社会发展。人类社会的发展历程，本身就是一种知识积累与知识应用的过程。知识与社会之间存在着复杂的内在关系，在一定意义上，是社会为知识的“存活”培植了土壤，忽视社会这一宏观场域对知识的价值，无异于消解知识的根基，必然将知识带入悲惨的境遇。当然，社会对知识的滋养与厚爱在根本上取决于知识对社会发展的导引作用。这意味着，在社会这一场域中考究知识，有必要重视知识的社会使命负载，并基于此不断强化知识的社会责任担当。古往今来，人们大多关注到了知识与社会之间的联系，也试图揭示这种联系的内在逻辑，以更好地实现知识对社会的价值贡献和社会对知识的价值支持。然而，由于主客观条件的制约，在一定时期内人们对知识的社会价值属性的认知总会处于相对合理的状态。也就是说，知识的社会价值认知只可能符合彼时彼刻的社会诉求、社会氛围和社会规约，超脱这一社会阈限的认知不可能被广泛认可和接纳，当然也就不可能获得实践的机会。这样一来，知识的社会价值就集中体现在基于当时社会主流价值形态、价值期待和价值规约并与之相呼应，不断推动社会各个层面的发展。

(2)知识与个体：促进个人成长。在个体社会化过程中，知识起着不可估量的作用。虽然知识属于间接经验，但现代社会中每个人的生存、生活及其职业发展，都需要大量的知识支撑，人不可能亲身探索所需要的全部知识，只能通过教育或自学获取更多知识，以增强其社会适应能力和职业发展潜力。知识在与个体的相遇中，是不是真正唤醒了其内在精神世界，是不是真正补益了理性认知，是不是真正满足了个体发展需要。无论是内在精神世界的觉醒，或是理性认知的发展，抑或是发展需要的满足，实际上都指向个体的成长成人过程。换句话说，知识如果没有促进个体成长，就只能成为干瘪的、枯燥的、惰性的、灰色的、僵死的知识堆积，这样的知识价值观及其呈现形态是不可取的，也是个体获取这些知识过程中的付出的浪费。

(3)知识与文化：助推文化进步。文化是指人类的精神活动及其产物，一方面，知识是文化传承、变更、创新的重要载体，另一方面，知识本身就是一种文化性存在。知识的文化价值体现在其对一定文化的选择、传承、改造、创新等环节，而知识的文化价值的实现取决于这些环节形成的系统的有效运作。当然，不同时空境遇中的知识所负载的文化价值会存在差异甚至大相径庭，这也正是我们何以在历史进程中持续探讨知识的文化价值及其实现的根源，即便如此，也不能因为知识文化价值的易变特质否定其文化使命。实际上，在一定时空条件下，知识的文化价值具有相对确定性，并在此基础上不断实现其在特定时空中的文化价值。

(二)知识的价值维度

(1)个体维度与公共维度。就知识的面向主体而言，有个体的，也有公共的，由此产生了知识价值选择过程中个体与公共的博弈。一般而言，个体知识具有鲜明的个体性、情境性、动态性和生成性等特点，体现为不同个体对知识意义的理解与建构；而公共知识具有鲜明的普适性、确定性、客观性和稳定性等特点，体现为多数群体对知识意义的共识与认同。个体知识基于生活认识论的视角，强调认知主体的主动性、创造性，注重直接经验在个人知识形成过程中的建构性作用，而公共知识基于科学认识论的视角，强调认知主体的社会性、交往性，注重间接经验在人类知识传播过程中的社会发展作用。知识的个体与公共属性，既是知识的本质特性，也是知识价值选择中主体间博弈的动因。既然知识具有个体性与公共性的双重属性，在选择过程中就势必要进行全面考量，不能以知识的个体性僭越公共性，也不能以公共性暗淡个体性。换句话说，在个体与公共维度，如何妥帖地进行知识的价值选择，关乎知识个体价值和公共价值的负载，也关乎知识的价值秩序，最终关乎知识的价值实现。

(2)外在维度与内在维度。如果从知识的价值用途角度来看，其至少包括外在价值和内在价值两个方面。知识的外在价值即工具价值，其实质是知识应境遇、条件、困难等客观现实需发挥的作用，这个意义上的知识成为解决现实问题的工具，具有直接性、外显性；与之相对，知识的内在价值即精神价值，其实质是知识对主体精神自由、个体解放、人格完满等主观世界的充盈所发挥的作用，这个意义上的知识成为个体价值实现的养料，具有间接性、内隐性。

(3)确定性与动态维度。知识的价值选择是在对确定价值的寻求与不确定价值的把握中实现的。具体来看，对确定性价值的寻求使得知识所承载的普遍的、共通的、持久的价值得到保障，知识的确定价值不断被接受和认同，这是知识价值实现的基础；而对动态价值的追问使得知识特殊的、个体的、时效的价值得以彰显，知识的动态价值不断被挖掘和建构，这是知识价值实现的张力。正因为确定性与不确定性的共存，处于现实运作中的知识价值选择就表现为确定性价值与动态价值的平衡。具体来看，这种价值选择的平衡就是既不能以确定性价值的坚守藐视动态价值，也不能以动态价值的张扬僭越确定性价值。

二、知识价值密度理论

(一)知识价值密度的客观实在性

知识价值密度(The value density of knowledge)，是指等量知识的价值量大小。价值密度(Value density)本来是一个经济学术语，含义是单位重量的商品所包含的价值量高低或平均社会必要劳动时间的多少。现代信息技术领域将大数据的特征之一定义为低价值密度，是指一定单位的大数据资源相比传统的数值型数据或字符型数据所包含的实际信息量较少。知识属于信息范畴，在知识海洋里，知识也具有价值密度大小的问题。比方说，几何学知识对于木匠来说很重要，无论是房屋建筑还是家具制作，都离不开几何学知识，但对于铁匠来说，力学知识更重要，这就是知识价值密度的常识性认知。同样，对于植物生产类专业学生而言，植物学、植物生理学、农业气象学等知识具有较高的知识价值密度，但对于动物生产类专业学生而言，动物学、解剖学等知识具有更高的知识价值密度。

人类知识库还没有知识量化指标，信息时代可以对知识实现数字化表达，知识本体采用数字化表达所呈现的存储量，可以用来作为知识本体的量化指标，即知识本体数字化表达后的字节数(Byte、KB、MB、GB 等)。当然，这种知识本体的计量方法还存在许多问题，例如，同一知识本体采用文字、图形、音频、视频等不同的表达媒介，得到的数字化表达信息存储量差异很大。解决了知识本体的计量问题，还需要考虑知识本体的价值计量，也就是说，等量知识到底有多大价值，这个问题更复杂，同样的知识对不同使用者或在不同领域表现出的价值大小差异很大，不可能进行统一度量，但可以按照通用性知识、专用性知识、领域性知识来实施分类计量。

虽然知识价值密度目前无法实现量化表达，但定性分析是客观存在的，即某一知识点的重要性、教师授课时的重点难点、教学内容的取舍等，本身就包含了知识价值密度的经验判别。知识价值密度定性分析，可以称为知识价值密度判别，其至少应具有三种意识：

(1)知识创新：知识价值密度本体差异。在知识创新领域，当前的国家重点研发计划项目是解决“国家急需”的重大理论问题或关键技术的战略需求，其创新成果无疑具有更高的知识价值密度。某种意义上说，SCI(Science Citation

Index)是科学引文知识价值密度的一种参考度量指标，但近年来的SCI导向也存在一些偏差，发明、发现是对人类知识库的贡献，但这种发明或发现的实际应用价值差异难以度量。知识创新领域的知识价值密度判别，应重点考察其对于经济社会的贡献度，包括科技贡献度和产业贡献度。例如，农作物分为粮食作物、油料作物、纤维作物等，纤维作物中的黄麻、红麻主要用于制作麻袋和麻绳等传统用具，目前已基本被化学纤维替代，如果再花很大的人力、物力、财力研究黄麻、红麻栽培技术，尽管同样丰富了人类知识库，但实际价值可想而知。

(2)知识获取：不同学习者的知识价值密度差异。对于不同学习者而言，同样或同类知识存在知识价值密度差异。从个体社会化的角度分析，知识在不同学习阶段表现出了知识价值密度差异，应选择本阶段必需的具有更高知识价值密度的知识。目前我国存在的学前教育小学化、小学教育负担过重等问题，是有悖于幼儿心理发育规律的，在幼儿阶段填入大量知识信息，会占据大脑皮层的记忆区，抑制人脑的思维活动区，不利于其后续阶段的教育和创新能力的培养。在我国现代高考制度下，高中阶段实行文理分科，本意是基于知识价值密度判别意识使学生定向积累知识，为大学教育奠定一定的基础，但实际效果不佳；近年来推行高考改革，将语文、数学、外语定为统一高考科目，至于思想政治、历史、地理、物理、化学、生物六科，则在高中学业水平考试成绩中自主选择3个科目的成绩计入高考总分，这种改革给高校招生带来了一定困惑，实施效果有待检验。在高等教育领域，最典型的是自然科学与人文社会科学领域的差异，对于自然科学类学习者而言，必须强化对自然科学领域内本专业相关知识的学习，这类知识是构建本专业知识结构的必备知识，因此，与未来职业发展关联度更高的知识就具有更高的知识价值密度。正是基于知识价值密度的感性认知和定性分析，形成了专业人才培养方案和课程教学内容体系等基本教学规范。

(3)知识应用：不同任务的知识价值密度差异。生产实践中的实际应用和具体任务，也表现出知识价值密度差异。第一，同种或同类知识在不同应用领域表现出不同的知识价值密度。例如，勾股定理对于木匠很实用，对于铁匠则实际意义不是很大。第二，不同知识在同一应用领域具有不同的知识价值密度。在粮食生产领域，谷物籽粒形成和营养物质运输的知识很重要，总生物量形成和秸秆组分等知识的相对重要性则较低，从而体现出知识价值密度差异。

（二）教师应具有知识价值密度判别理念

提出知识价值密度概念的目的，在于强调不同知识对不同个体或不同领域具有不同的价值量大小这件事是客观存在的，并不需要仔细计算知识价值密度，而是要求教师应具有知识价值密度判别理念，教师必须将知识价值密度判别理念贯穿于教育教学实践活动全过程，才能在有限的教学时间内实现更好的人才培养效果。

1975 年上映过的影片《决裂》中有一个情节是，一位教授花了大量的时间讲述“马尾巴的功能”，编剧和导演的创作目标在于说明马尾巴固然有很多功能，但对于学习者来说，马尾巴的功能不是学习者迫切需要掌握的知识，学生更需要学习怎样养马、怎样治疗马病、怎样选育良种马等知识和技能，这是一种对知识价值密度判别的初步认识，也是基于实践的总结。众所周知，人脑的容量是有限的，教师上课的时间是有限的，学生的学习时间是有限的，学生的接受能力和知识内化能力也是有限的，树立知识价值密度判别理念，必须从教育教学的不同层面进行知识价值密度判别，在有限的时间内将知识价值密度更高的知识传授给学生，减少或避免传授低价值密度的知识，让学生有更多的时间和脑力空间用于发展思维和训练能力，全面提升人才培养效益和效率。

（三）知识价值密度理论的指导意义

（1）科学制订专业人才培养方案。高等学校的专业人才培养方案，是专业设置的必备基本教学文件，制订专业人才培养方案，必须在广泛调研和反复论证的基础上，根据本专业的培养目标和毕业生就业的职业岗位群的需要科学设置课程体系。一般来说，课程体系包括通识教育课程、学科专业基础课程、专业主干课程、专业选修课程。通识教育课程包括思想政治理论课、体育、英语等公共必修课和公共选修课，其中公共选修课是实现科学教育与人文素养融合的重要途径；学科专业基础课是本专业所属主干学科所必备的基本知识、基本理论和基本技能，专业主干课程是本专业学生必须掌握的专业知识、专业理论和专业技能，专业选修课程则是考虑到学生的个性化发展或不同的就业方向而设置的横向拓展或纵向延伸类课程。任何一个专业都面对一个庞大的知识体系，如何科学制订专业人才培养方案，在有限的学习时间内达到更高的人才培养质量，必须从宏观层面进行知识价值密度判别，保证课程体系的科学性、有效性和可操作性。

(2)课程教学内容体系组织。高等学校的教师都承担着某门课程的教学任务，必须合理组织本门课程的教学内容体系。完成本门课程的教学，首先必须考虑几个基本问题：学习本门课程的学生需要什么？本门课程在专业人才培养方案中具有什么地位或作用？本门课程在哪些方面支撑培养目标？在此基础上明确本门课程的教学目标。不同于中小学教师受过较严格的师范教育和课堂教学培训，高等教育领域的很多专业教师在承担课程教学任务时会出现诸多问题：一是以教材为本，没有真正理解高等教育是一种职前培训，必须把本课程领域的最新知识传授给学生，只是一味地按照教材体系“照本宣科”，殊不知教材也是人编写的(编教材者水平可能高一些)，其知识体系的组织并不一定完全合理，即使编得再好的教材，也是几年以前的知识(出版程序限制了教材的更新)了，可以说，以教材为本进行教学的高校教师都是不称职的老师。二是为了完成教学任务而承担课程教学。高校教师承担着人才培养、科技创新、社会服务等工作，目前不少高校高度重视科技创新而轻视教学，很多年轻教师(尤其是一些基于科研目标而引进的青年才俊)没有受过正规训练即承担教学任务，基本没有专业人才培养方案方面的概念或意识，只是出于完成教学任务的动机而任教某门课程，以“讲满课时”为标准，而不顾及学生的需要和本门课程教学对培养目标的支撑。三是“想当然”地教学生。近年来高校引进的青年才俊，很多是具有国外留学经历的高端人才(曾经发表过高档次论文)，被“抬轿子”的感觉非常好，承担课程教学任务也“想当然”，把自己熟悉的知识或研究经历讲得眉飞色舞，却没有课程教学目标的基本常识。

(3)课堂教学的组织与实施。上好每一堂课，是教师的本分！备课就是为上好每一次课做的准备工作。这些准备工作包括本次授课的教学内容组织、教学方法设计、教学艺术处理等，一是强调教学内容取舍时，必须尽量选择高价值密度的知识构建课程体系，这在教材编撰、教学大纲编制和教师备课时都具有实际指导意义；二是强调在传播知识的过程中要合理安排时间分配，高价值密度的知识应详细讲解分析，使学生能够准确把握重点、难点，实实在在地提高知识传授效果和人才培养质量。笔者在21世纪初从中专学校调入高校工作，一位老教师不太信任，故多次来随堂听课，多次听课后问：“你怎么每次课的内容刚好讲完就下课铃响控制得这么好？”我说：“教师的基本功是要练的。”大学精神所宣扬的教学自由不等于随意性，课堂教学必须严格按计划执行，这一常识是很多年轻教师不知道的。更有甚者，大学课堂上还存在自己熟悉什么就讲什么，自己对什么感兴趣就讲什么的现象，甚至存在传播封建迷信或发表不当言论的现象，误人子弟也就是这么形成的。

三、耗散结构学习理论

耗散结构理论的研究对象是开放的系统，即研究系统远离平衡的非线性区形成有序结构的条件和机理，找出自组织过程的一般原理，阐明系统演化过程中的规律和意义。耗散结构理论为科学研究提供了重要的方法，在物理、化学、生物学、医学、工程技术、社会经济等领域的应用研究中，取得了重要成果。

（一）耗散结构理论的基本观点

耗散结构理论由比利时科学家普里高津（Prigogine，1917—2003）在1969年提出。该理论认为：一个远离平衡状态的开放系统，只要通过不断交换物质与能量，在外界条件变化达到一定的阈值时，就可以产生突变，从原有的混沌无序状态转变为更高级的有序状态，有序的组织可以通过一个自组织过程从无序和混沌中自发地产生出来，这种在远离平衡情况下形成的新的有序结构，依靠不断地耗散外界的物质和能量来维持，即为耗散结构。

普利高津发现，耗散结构的形成必须具备以下条件：①系统必须是远离平衡态的开放系统。②系统内部存在非线性的相互作用和反馈机制。③系统内有涨落和突变现象。学习是潜在的新行为模式在有机体和外部条件相互作用的过程，人的一生都在不断学习，所以我们对知识的积累是不断完善的过程，我们可以用耗散结构理论对学习心理的规律及实质进行解释。

耗散结构理论认为，系统只有从无序走向有序，才能从杂乱无序的初态跃迁到新的有序状态。这就是普利高津所强调的“非平衡是有序之源”。众多学习动机理论都遵循这一规律，也就是说，主体认知系统获得知识的动力是因为它处于远离平衡的状态。耗散结构理论认为，产生有序结构的系统必须是开放的，即系统的内外之间必须有物质、能量和信息的交换，并且使系统从外界输入的负熵流大于系统的内增熵，从而使系统的熵逐渐减少。一旦系统封闭起来，它就只能自发地走向无序。学习的一个重要特征便是学习必须是在主体与外界知识相互作用的过程中进行的。主体之所以能够通过学习使自己得到发展，就因为主体认知系统是一个开放的系统。

(二)耗散结构学习理论

耗散结构理论除了对主体学习动机和学习条件具有指导意义外，还可以用其科学的原理来指导主体的学习过程。

(1)主体学习过程存在反馈机制。正反馈推动系统走向有序，学习心理学中的反馈机制体现了反馈对主体认知系统发展的作用。在这一方面最典型的是行为主义，其次是加涅的信息加工理论。众所周知，行为主义所采用的强化、抑制等方法，都是要通过主体的反馈来检验其效果的，而信息加工理论将学习的过程分为动机、了解、获得、保持、回忆、概括、操作、反馈等，这种信息的反馈就是强化过程的重要因素。当学习者的学习结果达到了预期目标，学习行为就会在其内心得到强化，即正反馈过程。这样，主体就能学到新的知识，丰富已有的认知系统。

(2)主体学习过程中突变的情况。学习是在人的头脑内部进行的、看不见摸不着的过程。但在一定条件或一定情景的触动下，它会通过行为、解决问题等形式表现出来。在格式塔的顿悟学习中，学习的实质并不是纯粹意义上的顿悟，而是先前积累的学习内容在当前问题解决中的作用，问题的解决是头脑中的知识网络因对当前情境内容的加工而发生突变的一种现象，是原有知识在新的情境下达到的一个质的飞跃。学习者在学习过程中看不到显著的学习成绩，只有在一定情景的触动下，学习效果才突然显现出来。同样，在某一技能学习中，随着动作熟练程度的提高，无关动作被弃除，即小的涨落被放大，形成巨涨落，这样主体便掌握了新的动作技能。学习心理学的理论与耗散结构理论基本吻合，因此，我们可以把耗散结构理论作为一般方法论，用于学习心理学的研究，揭示学习心理的本质。

(三)学习的本质：主体认知系统的自组织

主体认知系统本身就是一个耗散结构，他是一个不断进行自我发展与完善的系统，具备自组织的条件。首先，他是一个开放系统，主体生活在一定的社会文化背景下，与外界环境进行交互作用，这使主体的学习活动成为可能。其次，主体认知系统是远离平衡态的。耗散结构理论认为，生命体的任何平衡态就将导致死亡。主体的生存和发展首先取决于他的不平衡。主体并不是生来就适应社会的，主体认知系统内生来并没有应付外界的东西，而主体的生存又要求他必须适应外界环境，这使主体感到自身系统发展的不平衡，从而产生学习的需要。同时，正反馈也使主体产生改组当前认知系统的需要，由于主体的一生是不断的社会化的过程，不断有外界环境对其进行反馈，所以，主体认知系统基本上都处于学习需要的状态，也就是说，外界的压力使主体认知系统内持续存在一种不平衡状态。不平衡的主体认知系统要恢复平衡，需要外界不断地对其输入信息，引入负熵流。主体吸收外部信息刺激的同时，会尽量改组主体认知结构体系，使之更加丰富和完善，即发生同化的心理反应。如果输入的信息刺激达到一定程度，主体无法吸收或抑制，便被迫进入一个新的序列，即发生心理上的顺应反应。学习中对主体认知系统这个耗散结构系统输入新颖的、多变的、递增的信息，使负熵流超过内增熵，从知识的和信息方面讲，就是掌握新知识的速度大于遗忘知识的速度；从能量和结构方面讲，就是同化或顺应的速度必须大于退化或老化的速度。简言之，学习心理过程中的内增熵是指已有认知结构的退化，而外熵输入是指输入信息后引起的认知结构的更新与重组反应，其中包括产生正作用的负熵流与产生负作用的正熵流。

主体对输入信息的学习不是简单的摹写，而是经过非线性叠加和耦合对知识进行加工改造，从而形成新的认知结构体系。在学习中，无论是同化还是顺应，都离不开原有知识经验与新知识的非线性作用。认知结构的形成是通过涨落和突变来实现的，个别小涨落导致新的认知结构产生。如个人面对一个棘手的问题，百思不得其解，而一个偶然的事件或举动使问题得到了解决，这时主体会很快将其同化到自己的认知结构中去，使原有的认知结构发生突变，从而形成新的认知结构。涨落和突变使主体认知系统的发展方向具有不可预测性。在日常生活中，我们经常可以看到，一些偶然的事件可能彻底改变我们的思想观念，这正是由于不可控制的涨落因素的存在。主体是生活在一定社会文化环境中的人，不是孤立的、封闭的学习者，对主体学习心理的研究必须通过个体生活的家庭、学校、社会文化背景等进行了解，只有在这种开放的系统下对主体学习心理的研究才符合客观事实。

四、自主学习实践论

自主学习是学习者自主制订学习目标，自主获取和准备学习素材，自主完成学习任务的一种学习方式。自主学习方式下，学习者是通过独立地分析、探索、实践、质疑、创造等来实现学习目标，从而实现学习能力的提升。自主学习强调自主性、自为性、自律性，通过自主制订学习目标、选择学习内容、实施学习过程、完成学习任务的全过程自为和自律控制，全面提升学习者的知识获取能力、知识组织能力、工具应用能力和自主学习能力。

(一)自主学习立论基础

维果斯基学派的心理学家认为，自主学习本质上是一种言语的自我指导过程，是个体利用内部言语主动调节自己学习的过程；操作主义的心理学家认为，自主学习本质上是一种操作行为，是个体基于外部强化而对自己的学习进行自我监控、自我指导和自我强化的过程；社会认知学派认为，自主学习是学习者在元认知、动机和行为方面进行主动控制和调节的学习过程。

(1)自主学习是学习自由的表现形式。学习自由自 19 世纪初在柏林大学产生后，其内涵不断丰富，由最初选择学习内容、时间、方式和发表意见的自由，发展到选择哪一类教育机构、获得哪一种教育训练的自由。学习过程是通过学习活动形成知识经验的过程，也是在形成经验的同时“发现”知识和“内化”知识的过程，本质上是一种学生自身的活动过程，教师的教学方法必须根据学习目标来确定，必须以学生的需求、兴趣为中心，并且要给予学生充分的自由。

(2)学习自由是大学对学习者的内在规定。大学研究和传授高深学问，这些学问或者还处于已知与未知之间的交界处，或者是虽然已知但由于过于深奥神秘，常人的才智难以把握。因此，大学的学习内容，不再纯粹是毫无疑问的基本常识，其中许多内容没有固定的、统一的答案，需要学生自己去寻找、自己做出判断，自主研究、自由学习成为大学生学习的重要形式。大学学习的这一本质特征，要求大学的学习过程比初等教育和中等教育具有更大的自主性和自由性。大学教育是一种成年人的教育，大学学习过程所要求的自主性、自由性和大学生认知发展的特点表明，学习自由是大学对学习者的内在规定。

(3)自主学习体现以人为本教育原则。从哲学的角度探讨，以人为本是一种原则，也是一种价值取向，同时还是一种思维方式。作为一种原则，它充分肯定人在社会发展中的主体地位和主体作用；作为一种价值取向，它强调尊重人的合法权益，尊重人的个性发展，尊重人的独立人格，从而促进人的全面发展；作为一种思维方式，它要求在思考和解决一切问题时，都要把尊重人、解放人放在首位，要以个体社会为目标。

从教育自身性质来看，教育是以人为对象的社会实践活动，人是教育的主体，以人为本是教育的应有之义，进而可推演为“以学生为本”，强化学生主体意识。自主学习是对以人为本教育理念的主动实践，人类主体性的显著标志是主观能动性，包括人类行为的目的性、选择性、自我调节性，自主学习正需要全面调动人的主观能动性，全面提升学习效果。

教育层次的递进伴随着学生年龄的增长和自我主体意识的增强而跃迁，故有“小学生背书、中学生读书、大学生看书、研究生翻书”之说，小学生拥有的背景知识极少，学习能力较低，“背书”是一种重要的被动学习策略，中学生已有一定的背景知识，理解接受能力有所提高，同时还要考虑中考、高考等因素，认真读书是很重要的，要全面学习教材和考试大纲所规定的知识点；大学生基本成年，学习能力进一步提高，要考虑学习任务数量上的提升，因此要“看书”以提高学习效率；研究生必须以自主学习为主，根据任务“翻书”以定向获取知识。也就是说，随着学生年龄增长，自主意识不断增强，自主学习能力不断提升，安排的自主学习时间和内容也应更多。进入大学阶段教育以后，专业人才培养方案中安排的课程教学任务，一般是大一、大二、大三、大四递减，目的就是逐步增加自主学习内容和时间，进入研究生阶段，课程学习任务很少，主要依赖学习者的自主学习来完成论文研究和个体的定向发展。因此，随着教育层次的递进式提升，逐步减少统一安排的课程教学，逐步强化自主学习，这种实施策略实际上早已贯穿于国民教育体系。

(4) 自主学习奠定终身学习的能力基础。终身学习是指社会每个成员为适应社会发展和满足个体发展的需要，贯穿于一生的持续学习过程。人们常说“活到老学到老”“学无止境”“学海无涯”，就是对终身学习的通俗说法。目前，很多老年人在学习使用电脑，手机购物、手机支付等基本生活技能也必须紧跟形势不断学习，终身学习具有终身性、全民性、广泛性、灵活性、实用性等特征，已贯穿于现代人生活和工作的方方面面。人类进入知识经济时代，终身学习不再是一种追求，而是生活的本质内涵。

终身学习是一种全民性现象，但不同个体的学习能力存在很大的差异，可见终身学习能力源于自主学习能力的提升和训练，学校教育期间也应注意培养学生的自主学习能力，奠定终身学习基础。

(二)自主学习控制模型

(1)大学生自主学习宏观控制模型。大学生的自主学习，主要指学校制订的专业人才培养方案以外的学习(专业人才培养方案或课程教学计划中也可能安排部分自主学习内容)，专业人才培养方案安排的学习任务和个体自己安排的自主学习任务是同步进行的，这要求学习者必须具有良好的时间管理意识、情绪管理意识和学业求助策略(向老师、同学、学长、同门师兄弟等求助)，强调学习过程中的自我监控、自我指导、自我强化、自我评价，重视学习者在元认知、动机和行为等方面的自主控制和调节。学生在完成专业人才培养方案安排的学习任务的前提下，通过制订全学程自主学习计划、做好自主学习材料及相关准备工作、有序完成分阶段自主学习任务，实时开展自主学习过程中的学习内容与学习进程的反馈调控，实现知识获取能力、知识组织能力、工具应用能力、自主学习能力的全面提升，达到专业培养目标要求。

(2)自主学习的个人操作模型。自主学习是当代人终身需要的学习技能，在学校教育阶段，在完成正常学习任务的前提下，学习者必须开展一定的自主学习，以养成主动学习习惯和提升自主学习能力；职业生涯阶段，学习者也必须通过自主学习不断完善和充实自己，以适应时代发展需要。自主学习的个人操作模型，是指在明确了学习目标和学习内容以后，制订具体的学习计划，做好自主学习材料准备、场地准备和其他必要的学习条件准备，在自主学习实施过程中开展独立性自主学习或操作性自主训练，可通过朋辈间的协商讨论强化学习效果，也可求助于本领域专家解决疑难问题，最后达到自主学习效果，在完成学习任务的前提下不断提升自主学习能力。

(三)自主学习实施策略

(1)任务驱动式学习。自主学习领域的任务驱动式学习，学校教育期间可以是教师或导师指定的学习任务，参加工作以后则可以是基于提升工作能力而明确的学习任务，这类学习任务可以是知识获取类任务，也可以是知识组织类任务或工具应用类任务。在这里，对于知识获取类学习任务，主要通过文献检索、资料查阅、数据分析、调查研究等来实现；对于知识组织类学习任务，主要通过整理、分析现有知识和文献资料所承载的知识之间的关联和逻辑关系，理清知识链结构来实现；对于工具应用类学习任务，主要通过多途径获取工具种类及其相关技术资料，进行文本学习和操作训练来完成。根据学习任务内容、难度和自己的知识背景，设计学习目标、准备学习材料、实施学习过程，并根据具体情况进行一定的巩固性练习或评价，最终实现学习目标，提升知识自主学习能力，同时在知识获取能力、知识组织能力、工具应用能力方面达到预期效果。

(2)探索性学习。探索性学习是指学习者在特定学科领域内或现实生活情境中选取某个问题作为突破点，提出科学问题，通过查阅文献提出科学假设，再通过调查或试验验证假设是否正确，最终提出科学问题的解决办法。探索性学习类似于科学家进行科学研究的过程或方法，在这个过程中还能学会科学的方法和技能，训练科学思维方式，形成科学观点和科学精神。

(3)研究性学习。研究性学习直接以培养创新意识、创新思维、创新能力为目标，由学习者自选研究课题，设计研究方法并完成研究任务。目前，研究性学习与社会实践、社区服务、劳动技术教育共同构成"综合实践活动"，作为必修课程列入《全日制普通高级中学课程计划(试验修订稿)》。进入大学教育阶段，学生可以自主申报国家级大学生创新创业计划项目、省级大学生研究性学习项目和校级研究性学习，并得到一定的经费支持，很多实验室也为研究性学习项目开放，全力支持大学生开展研究性学习。

(4)朋辈互助学习机制。承担卓越农业人才培养的农林高校，应积极鼓励学生自主学习，帮助学生构建朋辈互助学习机制。朋辈互助的学习团队可按指导教师或导师的学生群体组建团队，团队成员包括不同年级的研究生和本科生，多层级的学习者群体构建一个有机的学习团队，形成多途径的朋辈互助学习机制：一是实行学术交流例会制，每周固定某个时间召开学术交流会议，形成导师全程参与指导的学术交流例会制，团队成员分享自主学习成果，构建开放性的学习交流平台；二是层级化协助指导制，一个学习团队内部的博士研究生、硕士研究生和不同年级的本科生，可以形成高层次或高年级对低层次或低年级的层级化指导或辅导；三是朋辈互助常态化，无论是学习活动、科技创新活动还是生活交流或心理互助，都可以依托学习团队的朋辈互助机制，实现成长过程的朋辈互助常态化、朋辈交流经常化、朋辈合作无缝化。

第三章

基础化学课程教学改革探索之路

教学改革是对原有教学系统的改进或修正。课程教学改革是在原有课程教学体系的基础上，不断总结经验、吸取教训、发现问题、解决问题的持续改进迭代过程。湖南农业大学基础化学课程教研室具有 74 年的开课历史，几代人的教学经验积累和教学改革实践，使面向农科专业的基础化学课程的教学质量不断提升。

第一节　农科专业基础化学课程教学体系

化学在农学中扮演着非常重要的角色，其应用广泛且深入，对于提高农业生产效率、保障食品安全、保护农田环境等都具有重要意义。农科专业基础化学课程教学体系主要针对农学中的作物学科和动物学科，涉及的专业主要有作物学、园艺、植物保护、农业资源与环境、畜牧兽医、水产养殖等。目前，湖南农业大学针对农学专业设计建设了一套基础化学课程教学体系，该体系所包含的课程主要有：①“无机及分析化学”，主要涵盖元素周期律、化学热力学、化学平衡、化学分析原理等基础内容，为后续课程打下坚实的理论基础；②“有机化学”，重点学习各类有机化合物的结构、性质和反应，如碳水化合物、有机农药、有机质等在农业中的应用；③“基础化学实验”，包括化学分析和仪器分析方法，强化学生的实验技能和实践能力，使他们能够熟练操作化学实验仪器，准确进行实验数据的采集和处理，如分光光度法用于土壤养分的测定，色谱法用于农产品中农药残留的检测等。通过以上课程，学生运用化学知识和方法解决农业生产和科研中实际问题的能力能够得以提升。例如，能够通过化学分析判断土壤的肥力状况，为合理施肥提供依据；能够运用有机化学知识研发新型的农用化学品，从而能够激发学生的创新思维和科学研究意识，为其今后从事农业领域的科研工作或技术创新奠定基础。

农科专业基础化学课程教学，旨在培养以下类型的人才：①农业科研人才，能够深入研究农业生产中的化学问题，为农业科技创新提供理论支持和技术方案；②农业技术推广人才，能将先进的化学技术和方法推广应用到农业生产一线，提高农业生产效率和质量；③农业企业的研发和技术人员，能够参与农用化学品、农产品加工等方面的研发和生产，保障农业产业的可持续发展；④具备综合素质的农业工作者，能够在农业生产、管理和服务等各个环节，运用化学知识做出科学决策，促进农业的现代化和绿色发展。总之，农科专业基础化学课程教学体系的建设旨在培养既具有深厚化学理论基础，又能紧密结合农业实际，为农业现代化发展贡献力量的专业人才。

一、针对专业

农科专业基础化学课程主要针对农学中的植物生产类专业、动物生产类专业及其他涉农相关专业，主要包括种子科学与工程、农学、烟草、设施农业科学与工程、草业科学、茶学、生物技术、生物科学、生物信息学、水产养殖学、水族科学与技术、园林、园艺、中药资源与开发、食品科学与工程、智慧农业、农业智能装备工程等，它们都与农业现代化和国家重大战略需求紧密相关。

二、课程设置

基础化学课程通常包括无机化学、分析化学、有机化学、仪器分析等，以及相应的实验课程。课程内容根据专业需求有所选择，例如生物育种科学方向会侧重于生物化学、遗传学等课程，而生物质科学与工程方向则会侧重于生物质工程、生物质催化转化等课程。

三、教学目标

农科专业基础化学课程的教学目标是培养学生具备扎实的化学基础理论知识和实践能力，能够适应农业现代化和国家重大战略需求。课程旨在培养学生的创新意识、国际视野、团队精神与终身学习能力，并使其能在农业、生态等相关领域从事研究、规划设计、开发、管理等工作。

四、人才培养

农科专业基础化学课程旨在培养德智体美劳全面发展的复合型人才，这些人才不仅应具备化学基础，还能将化学知识应用于农学、生物等领域，解决实际问题。课程通过优化师资队伍、构建科学的课程教学体系、改进理论和实验教学方法、推行全程考核方法等方式，不断提升教育教学质量和人才培养质量。

第二节　基础化学理论课教学改革迭代

湖南农业大学在基础化学理论课程的教学改革上，采取了一系列迭代更新的措施，以适应新时代教育的需求。学校通过全面修订教学大纲，来确保课程内容紧跟学科前沿和技术发展的步伐，同时引入了创新的教学模式，以提高教学的互动性和学生的参与度。此外，学校还特别强调课程质量的内涵建设，通过课程评估体系，从多个维度对教学内容进行评价和反馈，以促进课程的持续改进和优化。

一、课程目标的调整

在新农科发展的早期，基础化学课程目标主要侧重于为学生奠定扎实的化学理论基础。那时，教学大纲着重于让学生系统地掌握化学的基本概念、原理和方法。早年的基础化学课程强调对经典化学知识的传授，如物质的组成、结构、性质和变化规律等。通过课堂讲授、实验操作和课后练习，学生逐步熟悉化学用语、化学计量、化学反应方程式等基础知识。实验课程主要围绕验证性实验展开，旨在帮助学生巩固理论知识，培养学生基本的实验技能和科学素养。在这个阶段，基础化学对于农科学生来说，是一门重要的基础课程，为后续专业课程的学习提供了必要的化学知识储备。然而，随着农业领域的不断发展和科技的进步，这种传统的教学模式逐渐显露出一些不足之处。

在新农科发展中期，由于农业科技的快速发展以及对交叉学科人才需求的增加，基础化学课程目标进行了重大调整。一方面，随着现代农业对精准农业、绿色农业的追求，化学在农业生产中的应用更加广泛和深入。例如，新型农药、化肥的研发需要化学知识的支撑；土壤检测与修复、水资源保护等领域也离不开化学分析方法。因此，基础化学课程调整为更加注重与农业实际应用的结合，增加了农业化学相关的内容，如农用化学品的性质与应用、土壤化学分析等。另一方面，随着学科前沿的不断拓展，纳米技术、生物技术等在农业中的应用逐渐兴起。基础化学课程也引入了这些前沿领域的相关知识，让学生了解化学在新兴农业技术中的作用。同时，实验课程进行了改革，减少了验证性实验的比例，增加了综合性、设计性实验，以培养学生的创新思维和实践能力。在教学方法上，则采用了多媒体教学、案例分析等多种手段，以提高学生的学习兴趣和参与度。还通过与农业相关专业的教师合作，开展跨学科教学和项目研究，使学生更好地理解化学在农业领域的应用价值。

近年来，随着新农科建设的不断推进和可持续发展理念的深入人心，基础化学课程目标又进一步更新。首先，为了适应新农科对高素质创新人才的需求，基础化学课程更加注重培养学生的创新能力和综合素质。在教学内容上，不仅涵盖了化学基础知识和农业化学应用，还融入了学科前沿研究成果和创新思维方法。例如，介绍绿色化学在农业中的应用前景，引导学生思考如何通过化学手段实现农业的可持续发展。其次，随着信息技术的飞速发展，基础化学课程充分利用在线教学平台和虚拟仿真实验技术，拓展教学资源和教学方式。学生可以通过在线学习平台进行自主学习、讨论和交流，提高了学习的灵活性和主动性。虚拟仿真实验则为学生提供了更加安全、高效的实验环境，让他们能够更好地掌握实验技能和科学方法。此外，基础化学课程还加强了与农业企业、科研机构的合作，为学生提供实习、实践的机会。通过参与实际项目，学生能够将所学知识应用于实际问题的解决之中，从而提高实践能力和职业素养。同时，这些合作也促进了产学研的深度融合，为新农科的发展培养出更多具有创新精神和实践能力的优秀人才。总之，在新农科背景下，基础化学课程目标不断调整和完善，以适应农业领域的发展需求和人才培养要求。通过三个版本的教学大纲调整，基础化学课程将为培养新时代的农业创新人才发挥更加重要的作用。具体的课程目标更新如下：

(一)有机化学

1. 知识层面

(1)掌握常见有机化合物的分类方法与系统命名规则，了解常见有机化合物的普通命名和俗名。掌握各类异构现象及立体化学的基本内容。

(2)掌握各类有机化合物的结构特点、理化性质及不同官能团化合物之间的相互转换。熟悉有机化学基本理论，深入理解典型有机反应机理。了解各类物质代表性化合物的应用，使有机化学知识内化为对相关学科的支撑。

2. 能力层面

(1)构建严谨的科学思维，增强运用有机化学理论和知识去分析和解决复杂有机化学综合性问题和现实问题的能力和创新能力。

(2)提升团队协作与沟通能力。

(3)树立终身学习思想，强化自主学习能力。

3. 素质层面

(1)掌握和运用辩证唯物主义和历史唯物主义，树立正确的理想信念，学会正确的思维方法。

(2)认识科学技术的两面性，树立探索未知、勇于质疑、追求真理、勇攀科学高峰的责任感和使命感。

(3)树立“大农精诚，服务社会”社会责任感，构建爱岗敬业、无私奉献、严谨求实、锐意创新的职业价值观。

(二)无机及分析化学

1. 知识层面

(1)掌握溶液浓度的表示方法、换算，稀溶液的依数性及其应用，分散体系的分类及胶体分散系的结构、性质、稳定性及聚沉规律。

(2)掌握化学热力学、动力学、化学平衡的基本原理，同时能运用所学基本原理讨论化学反应能否发生、反应的快慢以及反应的完全程度。掌握四大平衡理论的原理和以滴定分析方法为主的测定物质含量的方法，建立准确的“量”的概念。

(3)掌握物质结构的基本知识，包括原子结构中微观粒子的运动规律、原子核外电子的运动状态的描述、原子核外电子的排布规律，要求掌握 1~36 号元素原子核外的电子排布式，掌握元素基本性质的周期律。掌握分子结构中化学键及化学键理论，包括离子键、现代价键理论，杂化轨道理论，分子间作用力与氢键及其对物质性质的影响。

2. 能力层面

（1）熟练阐述无机及分析化学课程所包含的基本理论、基本知识和基本技能，具有对一般无机及分析化学问题进行理论分析和计算的能力；辨析化学中的“量”的基本概念，获得一些分析测试方案的规划和设计的基本能力。

（2）在学习过程中学会归纳总结，使知识系统化，具有自学能力。

（3）通过对化学基本原理的理解，进而理解物质结构、性质、用途的关系，使化学知识内化为对相关学科的支撑。

3. 素质层面

（1）培养学生初步解决化学问题的能力，养成严谨细致、实事求是的科学作风。

（2）能够基于科学原理和科学方法分析、研究和解决化学及相关领域的复杂问题；并能将所学化学知识应用到后续专业学习中，培养学生的创新能力。

（3）在课程学习过程中，贯彻立德树人理念，培养学生科学的思维方法，树立辩证唯物主义观点。

二、教学内容的更新

（一）有机化学

随着教学大纲的变化，有机化学教学内容也发生了显著改变。早期的有机化学教学内容主要包括：掌握主要类型有机化合物的命名、结构、物理化学性质和主要的化学反应及其应用；掌握主要类型有机化合物的构型、构象等立体化学基本知识，熟悉各类异构现象；分析几类主要有机化合物的分子结构与反应性能之间的关系、典型的有机反应历程以及反应条件对反应历程的影响；熟悉糖、油脂等几类天然有机物的基本结构和主要性质；了解与专业有关的重要次生物质及合成产物的基本化学知识；掌握常见有机化合物的分类方法与系统命名规则，了解常见有机化合物的普通命名和俗名等。在深化教学内容改革的过程中，要对原有知识体系进行重组，删繁就简，避免重复，减少学时。为此，我们根据农业院校专业设置的特点，并参考其他农业院校对该课程教学内容的设置，建设有机化学课程教学内容。

目前，有机化学的主要教学内容已调整为：加强对理论知识相关机理的认识与理解，以更深入的方式学习各类异构现象及立体化学的基本内容、各类有机化合物的结构特点、理化性质及不同官能团化合物之间的相互转换；熟悉有机化学基本理论，深入理解典型有机反应机理；了解各类物质代表性化合物的应用；使有机化学知识内化为对相关学科的支撑(表 3-1～表 3-6)。

表 3-1　2008 年有机化学课程教学内容

基本内容	教学基本要求	教学重点与难点	教学建议
绪论 (1)有机化学和有机化合物 (2)共价键的一般概念 (3)有机化合物的分子结构 (4)有机化合物的酸碱理论简介 (5)有机化合物的分类	(1)使学生掌握有机化合物的特性、分子结构式的常见书写方法和分类 (2)使学生熟悉碳原子的价键特点和杂化轨道和共价键的属性 (3)使学生了解有机化学与农业科学的关系及研究有机化合物的程序和方法	(1)有机化合物的特性 (2)共价键的断裂方式和有机反应类型 (3)碳原子的价键特点和杂化轨道 (4)键的极性、分子的极性和分子间力	从身边的“有机化学”引入新课，以激发学生的学习兴趣
第一章　饱和烃 (1)烷烃的通式、同系列及同分异构现象 (2)烷烃的命名 (3)烷烃的结构 (4)烷烃的物理性质 (5)烷烃的化学性质 (6)烷烃的来源和用途 (7)环烷烃分类、异构和命名 (8)环烷烃的物理性质 (9)环烷烃的化学性质 (10)环烷烃的分子结构 (11)环烷烃的立体化学	(1)使学生掌握 ①烷烃与单环烷烃和简单桥环、螺环的命名； ②乙烷及其同系物的构象； ③烷烃的化学性质、环烷烃的化学性质； ④碳游离基的稳定性及其稳定性次序。 (2)使学生熟悉 ①烷烃的通式、同系列和同分异构现象； ②游离基取代反应机理； ③环烷烃的立体化学。 (3)使学生了解 ①烷烃的氧化与燃烧、热裂反应； ②烷烃的来源和用途； ③环烷烃的物理性质； ④环丙烷不稳定的重要原因和环己烷稳定的原因	(1)教学重点 ①烷烃、环烷烃的系统命名法； ②乙烷及其同系物的构象； ③环烷烃的化学性质。 (2)教学难点 ①烷烃的卤代反应； ②碳游离基的稳定性及其稳定性次序； ③环烷烃的立体化学	讲授构象及环烷烃的立体化学，要利用模型，使抽象问题形象化

续表3-1

基本内容	教学基本要求	教学重点与难点	教学建议
第二章　不饱和烃 (1)烯烃的结构 (2)烯烃的异构现象和命名 (3)烯烃的物理性质 (4)烯烃的化学性质 (5)炔烃的结构和命名 (6)炔烃的物理性质 (7)炔烃的化学性质 (8)二烯烃的分类和命名 (9)1，3-丁二烯的结构和共轭效应 (10)共轭二烯烃的化学性质 (11)异戊二烯规律与萜类化合物简介	(1)使学生掌握 ①单烯烃、炔烃的异构和命名； ②“次序规则”和烯烃的Z，E-命名法； ③单烯烃、炔烃和共轭二烯烃的化学性质； ④马氏规则及其应用； ⑤正碳离子的稳定性次序。 (2)使学生熟悉 ①二烯烃的分类和命名； ②共轭效应和超共轭效应； ③烯烃和卤素加成的反应历程； ④诱导效应对马氏规则的解释； ⑤过氧化物效应。 (3)使学生了解 ①烯烃与卤化氢加成反应机理； ②工业上利用烯烃制备醇的方法	(1)教学重点 ①“次序规则”和烯烃的Z，E-命名法； ②单烯烃、炔烃和共轭二烯烃的化学性质； ③马氏规则的解释； ④共轭效应和超共轭效应。 (2)教学难点 ①“次序规则”和烯烃的Z，E-命名法； ②马氏规则的解释； ③1，3-丁二烯的结构； ④双烯合成反应	讲解烯、炔及二烯烃的结构时要充分利用模型辅助教学
第三章　芳香烃 (1)苯的结构 (2)单环芳烃的命名和异构 (3)单环芳烃的物理性质 (4)单环芳烃的化学性质 (5)苯环上的亲电取代反应的定位规律 (6)萘 (7)其他稠环芳烃 (8)休克尔规则与非苯芳香烃	(1)使学生掌握 ①单环芳烃的异构和命名； ②单环芳烃的化学性质； ③两类定位基和定位规律； ④萘的结构和萘的衍生物的命名； ⑤萘的化学性质； ⑥休克尔规则。 (2)使学生熟悉 ①苯的结构； ②定位规律在有机合成中的应用； ③萘环上亲电取代反应的定位规律。 (3)使学生了解 ①芳烃的物理性质； ②几种典型的非苯芳烃； ③如何用电子效应解释定位规律的原理	(1)教学重点 ①苯分子的结构与单环芳烃的化学性质； ②苯环上的亲电取代定位规律； ③非苯芳烃芳香性的判断方法。 (2)教学难点 ①苯环上的亲电取代定位规律； ②非苯芳烃芳香性的判断方法	(1)结合使用模型讲解苯的分子结构 (2)通过例题讲解苯环上的亲电取代定位规律的应用

续表3-1

基本内容	教学基本要求	教学重点与难点	教学建议
第四章　卤代烃 (1)卤代烷烃的分类和命名 (2)卤代烷烃的物理性质 (3)卤代烷烃的化学性质 (4)卤代烯烃和卤代芳烃的分类和命名 (5)卤代烯烃和卤代芳烃的化学性质	(1)使学生掌握 ①卤代烷烃的分类、命名与化学性质； ②卤代烯烃和卤代芳烃的分类、命名及其结构与化学性质。 (2)使学生熟悉 ①Sw1 和 SN2 反应历程； ②如何从卤代烯烃和卤代芳烃的结构来理解化学性质。 (3)使学生了解 ①卤代烃的鉴别方法和格氏试剂在合成上的应用； ②卤代烷烃的物理性质和 E1 和 E2 反应历程	(1)查依采夫(A. M. Saytzeff)规律； (2)E1 和 E2 及 SN1 和 Sm2 反应历程； (3)卤代烯烃和卤代芳烃的结构与化学性质	(1)加强综合练习题的训练 (2)引导学生从结构层面理解卤代烃的化学性质
第五章　旋光异构 (1)物质的旋光性 ①偏振光 ②分子手性与旋光性 (2)含一个手性碳原子化合物的旋光异构 (3)含两个手性碳原子化合物的旋光异构 (4)含手性碳原子环状化合物的旋光异构 (5)不含手性碳原子化合物的旋光异构 ①联苯型化合物的旋光异构 ②丙二烯型化合物的旋光异构 (6)旋光异构体的性质和生理功能 (7)动态立体化学简介 ①烯烃亲电加成反应的立体化学 ②卤代烷亲核取代反应的立体化学	(1)使学生掌握 ①手性、比旋光度、对映体和非对映体、内消旋体和外消旋体等基本概念； ②Fischer 投影式的写法； ③旋光异构体构型的标记法-R、S 法和 D、L 法； ④联苯型化合物、丙二烯型化合物的旋光异构。 (2)使学生熟悉 ①手性与对称性因素； ②含两个手性碳原子化合物的旋光异构； ③对映体、非对映体之间的性质异同点； ④内消旋体和外消旋体的区别。 (3)使学生了解 ①分子的不对称性是产生旋光异构的根本原因； ②旋光异构体的生理活性差异； ③烯烃亲电加成反应和卤代烷亲核取代反应的立体化学	(1)教学重点 ①对映体和非对映体、内消旋体和外消旋体等基本概念； ②构型的表示方法和标记方法； ③不含手性碳原子的化合物的旋光异构。 (2)教学难点 ①构型的表示方法和标记方法； ②烯烃亲电加成反应和 SN1、SN2 反应的立体化学	(1)结合使用模型表示旋光化合物的空间形象 (2)讲授手性碳原子构型的标记，应多讲几个例题

续表3-1

基本内容	教学基本要求	教学重点与难点	教学建议
第六章　醇、酚、醚 (1)醇的分类和命名 (2)醇的物理性质 (3)醇的化学性质 (4)酚的分类和命名 (5)酚的物理性质 (6)酚的化学性质 (7)醚的分类和命名 (8)醚的物理性质 (9)醚的化学性质	(1)使学生掌握 ①醇、酚、醚的命名； ②醇、酚、醚的化学性质。 (2)使学生熟悉 ①醇、酚的鉴别方法； ②醇的消除、醚键断裂等有关重要反应机理。 (3)使学生了解醇、酚、醚的物理性质	(1)教学重点：醇、酚、醚的分类、命名和化学性质 (2)教学难点：醇的消除、醚键断裂等有关重要反应机理	加强习题训练
第七章　醛、酮、醌 (1)醛、酮的分类和命名 (2)醛、酮的物理性质 (3)醛、酮的化学性质 (4)个别化合物 (5)醌的结构和命名 (6)醌的物理性质 (7)醌的化学性质	(1)使学生掌握醛、酮的分类、命名、结构、化学性质 (2)使学生熟悉醌的分类、命名和化学性质 (3)使学生了解醛、酮、醌的物理性质	(1)教学重点：醛、酮的命名和化学性质 (2)教学难点：亲核加成反应历程	(1)指导学生归纳总结本章的重要反应 (2)通过做习题加强有机合成基本方法的训练
第八章　羧酸和取代酸 (1)羧酸的分类和命名 (2)羧酸的物理性质 (3)羧酸的化学性质 (4)羧酸衍生物的命名 (5)羧酸衍生物的物理性质 (6)羧酸衍生物的化学性质 (7)个别化合物 (8)羟基酸 (9)羰基酸	(1)使学生掌握羧酸、羧酸衍生物的分类、命名与化学性质 (2)使学生熟悉有关典型化合物的俗名和丙二酸二乙酯和乙酰乙酸乙酯的基本知识 (3)使学生了解羧酸及其衍生物的物理性质以及“丙二”和“三乙”在合成上的应用	(1)教学重点：羧酸及衍生物的命名(特别是俗名)与化学性质 (2)教学难点：取代酸的命名、羟基酸的脱水反应、酮酸的脱羧及互变异构现象	(1)加强习题训练 (2)注意有机化合物相互转化的横向与纵向联系

续表3-1

基本内容	教学基本要求	教学重点与难点	教学建议
第九章　含氮和含磷有机化合物 (1)胺的分类和命名 (2)胺的物理性质 (3)胺的化学性质 (4)重氮化合物和偶氮化合物 (5)酰胺的结构和命名 (6)酰胺的物理性质 (7)酰胺的化学性质 (8)碳酸的衍生物 (9)含磷有机化合物的主要类型 (10)含磷有机农药简介	(1)使学生掌握 ①胺的命名、化学性质； ②重氮盐的反应及其在合成中的应用； ③酰胺的结构、命名和化学性质。 (2)使学生熟悉胺的分类、胺类化合物的鉴别方法 (3)使学生了解胺和酰胺的物理性质以及碳酸的衍生物有关知识	(1)教学重点 ①胺、酰胺的化学性质； ②重氮盐的反应及其在合成中的应用； ③酰胺的结构和命名； (2)教学难点 ①重氮盐的反应及其在合成中的应用； ②胺类化合物的鉴别 ③胺、酰胺的化学性质	(1)加强习题训练 (2)建议在课堂上详细讲解一至二道综合性结构推测题
第十章　油脂和类脂化合物 (1)油脂的存在和生理作用 (2)油脂的结构和组成 (3)油脂的性质 (4)蜡 (5)磷脂 (6)肥皂及其乳化作用 (7)表面活性剂 (8)甾体化合物的结构 (9)重要的甾体化合物简介	(1)使学生掌握油脂的组成和结构及化学性质 (2)使学生熟悉卵磷脂和脑磷脂的基本结构 (3)使学生了解甾体化合物的基本结构和油脂的物理性质	(1)教学重点：油脂的组成、结构及化学性质 (2)教学难点：磷脂和甾体化合物的基本结构	(1)讲授本章内容应与生活实际紧密结合 (2)部分内容要求学生自学，但必须给予方法上的指导

续表3-1

基本内容	教学基本要求	教学重点与难点	教学建议
第十一章　杂环化合物和生物碱 (1)杂环化合物的分类和命名 (2)单杂环化合物的结构 (3)单杂环化合物的化学性质 (4)与生物有关的杂环化合物及其衍生物 (5)生物碱的存在和提取方法 (6)生物碱的一般性质 (7)重要的生物碱举例	(1)使学生掌握 ①杂环化合物的分类和简单杂环化合物的命名； ②杂环的芳香性与化学性质的关系； ③吡咯和吡啶的酸碱性； ④杂环的化学性质。 (2)使学生熟悉 ①常见杂环的音译名称和结构式； ②生物碱的沉淀试剂、显色试剂。 (3)使学生了解与生物有关的杂环化合物及其衍生物、重要的生物碱	(1)教学重点：杂环化合物的分类、命名、结构和化学性质 (2)教学难点：杂环化合物的芳香性与化学性质的关系	(1)强调从结构层面理解杂环化合物的芳香性及化学性质 (2)总结五元杂环和六五元杂环化学性质的差别
第十二章　碳水化合物 (1)单糖的构型 (2)单糖的环状结构 (3)单糖的物理性质 (4)单糖的化学性质 (5)重要的单糖及其衍生物 (6)还原性二糖 (7)非还原性二糖 (8)淀粉和糖原 (9)纤维素	(1)使学生掌握 ①单糖的构型和环状结构及变旋光现象； ②单糖的化学性质和糖类化合物的鉴定方法； ③二糖和多糖的组成单位、连接方式及化学性质。 (2)使学生熟悉 ①“碳水化合物”的定义、分类； ②典型单糖的 Fischer 投影式和 Haworth 透视式； ③常见的糖类化合物。 (3)使学生了解单糖的物理性质和常见多糖的组成单位及连接方式	(1)教学重点 ①单糖的构型和环状结构； ②单糖的化学性质； ③双糖的基本结构与重要的化学性质。 (2)教学难点：单糖的构型和环状结构及变旋光现象	课堂讲授重点放在单糖一节，双糖与多糖的部分内容要求学生自学

续表3-1

基本内容	教学基本要求	教学重点与难点	教学建议
第十三章　氨基酸、蛋白质与核酸 (1)氨基酸的分类、构型和命名 (2)氨基酸的物理性质 (3)氨基酸的化学性质 (4)蛋白质的分类 (5)蛋白质的结构 (6)蛋白质的理化性质 (7)核酸的组成 (8)核苷酸的基本结构单元 (9)核酸的结构	(1)使学生掌握 ①氨基酸和蛋白质的基本性质和鉴定方法; ②肽的命名和蛋白质的一、二级结构。 (2)使学生熟悉 ①蛋白质与核酸的基本结构; ②常见氨基酸的结构和特性。 (3)使学生了解蛋白质分子中的副键以及RNA和DNA的组成	(1)教学重点：氨基酸和蛋白质的基本性质和鉴定方法 (2)教学难点：肽的命名；蛋白质与核酸的基本结构	部分内容学生自学，教师总结
总复习课 (1)有机化合物的命名与结构式 (2)有机化学的基本概念、理论 (3)有机化合物的典型、重要反应 (4)有机化合物的鉴别 (5)典型反应机理 (6)有机化合物的结构推断 (7)有机合成的基本方法和解题步骤	(1)使学生掌握有机化学的重要知识点，提高分析问题和解决问题的能力 (2)使学生熟悉有机化学考试中常见的题型	(1)教学重点：有机化学的基本概念及其应用 (2)教学难点：有机反应总结与有机合成基本方法	按知识点归类，精选例题，详细讲解

表 3-2　2017 年有机化学课程教学内容

基本内容	教学基本要求	教学重点与难点	教学建议
绪论 第一节　有机化学和有机化合物 第二节　有机化学中的共价键的一般概念 第三节　有机化合物的分子结构 第四节　有机化合物的酸碱理论简介 第五节　有机化合物的分类	(1)了解有机化学的发展简史 (2)进一步巩固共价键的一般概念 (3)掌握有机化合物分子构造的书写方法 (4)熟悉有机化合物的分类	本章重点：有机化合物、有机化学的概念及有机化合物的分类。 本章难点：有关共价键的概念	多媒体辅助式
第一章　饱和烃 第一节　烷烃 一、烷烃的通式、同系列及同分异构现象 二、烷烃的命名 三、烷烃的结构 四、烷烃的物理性质 五、烷烃的化学性质 六、烷烃的来源和用途 第二节　环烷烃 一、环烷烃分类、异构和命名 二、环烷烃的物理性质 三、环烷烃的化学性质 四、环烷烃的分子结构 五、环烷烃的立体化学	(1)熟练掌握烷烃、环烷烃的系统命名、普通命名方法 (2)了解自由基取代反应历程 (3)理解构象概念，了解乙烷、丁烷的各种极限构象与稳定性大小和 Newman 投影式的写法 (4)熟练掌握烷烃、环烷烃的结构和化学性质 (5)掌握环己烷的一元、二元取代物的优势构象 (6)了解脂环烃的分类和多环烷烃的命名	重点：有机化合物的命名方法，烷烃、环烷烃的化学性质。 难点：烷烃和环烷烃的构象	模型与多媒体辅助式

续表3-2

基本内容	教学基本要求	教学重点与难点	教学建议
第二章　不饱和烃 第一节　单烯烃 一、烯烃的结构 二、烯烃的异构现象和命名 三、烯烃的物理性质 四、烯烃的化学性质 第二节　炔烃 一、炔烃的结构和命名 二、炔烃的物理性质 三、炔烃的化学性质 第三节　二烯烃 一、二烯烃的分类和命名 二、1，3-丁二烯的结构和共轭效应 三、共轭二烯烃的化学性质	(1)熟练掌握烯烃的系统命名法，特别是顺反异构体构型的Z/E标记法 (2)掌握烯烃的亲电加成反应及其取向(马氏规则)及其氧化反应规律 (3)理解诱导效应、共轭效应和碳正离子的形成及其稳定性 (4)掌握二烯烃的分类和命名、炔烃和共轭二烯烃的化学性质	重点：烯烃、炔烃、二烯烃的结构与化学性质。 难点：电子效应——诱导效应与共轭效应	模型与多媒体辅助式
第三章　芳香烃 第一节　单环芳烃 一、苯的结构 二、单环芳烃的命名和异构 三、单环芳烃的物理性质 四、单环芳烃的化学性质 五、苯环上的亲电取代反应的定位规律 第二节　稠环芳烃 一、萘 二、其他稠环芳烃 第三节　休克尔规则和非苯芳香烃 一、休克尔规则 二、非苯芳香烃	(1)熟练掌握单环芳香烃的结构和命名、苯及其同系物的化学性质，特别是亲电取代反应、氧化反应 (2)掌握苯环亲电取代的定位规律及其应用 (3)一般掌握萘的结构和性质及其简单衍生物的命名 (4)掌握休克尔规则及其应用	重点：苯分子的结构与单环芳烃的化学性质、苯环上的亲电取代定位规律。 难点：非苯芳烃芳香性的判断方法	模型与多媒体辅助式

续表3-2

基本内容	教学基本要求	教学重点与难点	教学建议
第四章　旋光异构 第一节　物质的旋光性 一、偏振光 二、分子手性与旋光性 第二节　含手性碳原子化合物的旋光异构 一、含一个手性碳原子化合物的旋光异构 二、含两个手性碳原子化合物的旋光异构 三、含手性碳原子环状化合物的旋光异构 第三节　不含手性碳原子化合物的旋光异构 一、联苯型化合物的旋光异构 二、丙二烯型化合物的旋光异构	(1)熟悉比旋光度、手性分子、手性碳原子、对映体、非对映体、内消旋体和外消旋体等概念 (2)理解分子的不对称性是产生旋光异构的根本原因，分子中含有手性碳原子是引起旋光性的普遍现象 (3)熟悉 Fischer 投影式的写法；熟练掌握旋光异构体构型的标记法——R、S 法和 D、L 法	重点：旋光性、旋光物质、旋光度、比旋光度、手性、乎性分子、对映体、非对映体、外消旋体和内消旋体基本概念。 难点：旋光异构体的表示和标记法	模型与多媒体辅助式
第五章　卤代烃 第一节　卤代烷烃 一、卤代烷烃的分类和命名 二、卤代烷烃的物理性质 三、卤代烷烃的化学性质 第二节　卤代烯烃和卤代芳烃 一、分类和命名 二、化学性质	(1)熟练掌握卤代烃的分类、命名，卤代烷的亲核取代反应、消除反应、生成格氏试剂的反应，及格氏试剂在合成上的应用等 (2)对各种类型的卤代烯烃、卤代芳烃在化学活性上的差异应从结构特点进行分析、理解	重点：卤代烃的化学性质、不同类型卤原子的化学反应活泼性。 难点：卤代烃亲核取代反应和消除反应历程	模型与多媒体辅助式

续表3-2

基本内容	教学基本要求	教学重点与难点	教学建议
第六章　醇、酚、醚 第一节　醇 一、醇的分类和命名 二、醇的物理性质 三、醇的化学性质 第二节　酚 一、酚的分类和命名 二、酚的物理性质 三、酚的化学性质 第三节　醚 一、醚的分类和命名 二、醚的物理性质 三、醚的化学性质	(1)熟练掌握醇、酚、醚的命名 (2)从分析结构入手，掌握醇、酚、醚的化学性质	重点：醇、酚、醚的命名与化学性质。 难点：不饱和醇的命名、醚与卤化氢的反应机理	模型与多媒体辅助式
第七章　醛、酮、醌 第一节　醛和酮 一、醛、酮的分类和命名 二、醛、酮的物理性质 三、醛、酮的化学性质 第二节　醌 一、醌的结构和命名 二、醌的物理性质 三、醌的化学性质	(1)掌握醛、酮的分类、命名、结构、化学性质(醛、酮的亲核加成反应、加成-消除反应、α-氢的反应、氧化反应、还原反应) (2)掌握醛、酮化学反应的异同点 (3)熟悉醌的分类、命名和化学性质	重点：醛、酮的命名和化学性质。 难点：亲核加成反应历程	模型与多媒体辅助式

续表3-2

基本内容	教学基本要求	教学重点与难点	教学建议
第八章　羧酸及其衍生物和取代酸 第一节　羧酸 一、羧酸的分类和命名 二、羧酸的物理性质 三、羧酸的化学性质 第二节　羧酸衍生物 一、羧酸衍生物的命名 二、羧酸衍生物的物理性质 三、羧酸衍生物的化学性质 四、个别化合物 第三节　取代酸 一、羟基酸 二、羰基酸	(1)熟练掌握羧酸衍生物的分类和命名 (2)掌握羧酸、羧酸衍生物、羟基酸及羰基酸的化学性质；从分子结构来分析、理解这几类化合物的化学性质；特别要理解互变异构现象	重点：羧酸及衍生物的命名与化学性质。 难点：取代酸的命名(特别强调羰基酸的酰基法命名)、羟基酸的脱水反应、酮酸的脱羧及互变异构现象	多媒体辅助式
第九章　含氮有机化合物 第一节　胺 一、胺的分类和命名 二、胺的物理性质 三、胺的化学性质 四、重氮化合物和偶氮化合物 第二节　酰胺 一、酰胺的结构和命名 二、酰胺的物理性质 三、酰胺的化学性质 四、碳酸的衍生物 五、苯磺酰胺	(1)熟练掌握胺、酰胺的结构、分类和命名 (2)掌握胺、酰胺、重氮盐等的化学性质，特别是重氮盐转化为酚类等的反应以及霍夫曼反应的应用 (3)初步了解硝基化合物的结构和性质	重点：胺、酰胺的结构与化学性质；重氮化反应；重氮盐基本性质。 难点：重氮化合物的性质及其在合成上的应用	媒体辅助式

续表3-2

基本内容	教学基本要求	教学重点与难点	教学建议
第十章　油脂和类脂化合物 第一节　油脂 一、油脂的存在和生理作用 二、油脂的结构和组成 三、油脂的性质 第二节　类脂化合物 一、蜡 二、磷脂 第三节　肥皂及表面活性剂 一、肥皂及其乳化作用 二、表面活性剂	(1)熟悉油脂、磷脂的结构特点及基本性质 (2)了解甾体化合物的基本骨架-环戊烷多氢菲	重点：油脂、磷脂、甾体化合物、蜡的结构特点。 难点：油脂的水解反应	多媒体辅助式
第十一章　杂环化合物和生物碱 第一节　杂环化合物 一、杂环化合物的分类和命名 二、单杂环化合物的结构 三、单杂环化合物的化学性质 四、与生物有关的杂环化合物及其衍生物 第二节　生物碱 一、生物碱的存在和提取方法 二、生物碱的一般性质 三、重要的生物碱举例	(1)熟练掌握杂环化合物的分类和命名，熟记常见杂环的音译名称和结构式 (2)理解杂环的芳香性与化学性质的关系 (3)掌握典型五元、六元杂环的重要化学性质 (4)了解生物碱及其他一些个别杂环衍生物	重点：典型五元、六元杂环化合物的命名及其重要的化学性质。 难点：杂环的芳香性与化学性质的关系	模型与多媒体辅助式

续表3-2

基本内容	教学基本要求	教学重点与难点	教学建议
第十二章　糖类化合物 第一节　单糖 一、单糖的构型 二、单糖的环状结构 三、单糖的物理性质 四、单糖的化学性质 五、重要的单糖及其衍生物 第二节　双糖 一、还原性二糖 二、非还原性二糖 第三节　多糖 一、淀粉和糖原 二、纤维素	(1)熟练掌握单糖的结构(构型、透视式、构象式)、变旋现象和单糖的化学性质，以及一些常见单糖的投影式 (2)一般了解二糖和多糖的结构和性质 (3)掌握糖类化合物的鉴定方法	重点：单糖的分子结构与化学性质，应使学生熟悉糖的Fischer投影式和Haworth透视式。 难点：二糖和多糖的组成单位，连接方式及化学性质	模型与多媒体辅助式
第十三章　氨基酸、蛋白质与核酸 第一节　氨基酸 一、氨基酸的分类、构型和命名 二、氨基酸的物理性质 三、氨基酸的化学性质 第二节　蛋白质 一、蛋白质的分类 二、蛋白质的结构 三、蛋白质的理化性质 第三节　核酸简介 一、核酸的组成 二、核苷酸的基本结构单元 三、核酸的结构	(1)熟练掌握氨基酸的化学性质、蛋白质的理化性质 (2)了解蛋白质的一、二级结构、肽的结构和蛋白质分子中的副键 (3)初步了解核苷、核苷酸的结构 (4)熟记几个氨基酸的结构和特性；其他内容仅作一般了解	重点：氨基酸的两性与等电点；蛋白质分子的一级与二级结构；蛋白质的性质。 难点：核酸部分主要讲授核苷酸的组成与DNA的双螺旋结构	模型与多媒体辅助式

表 3-3　2022 年有机化学 A 课程课程目标

课程目标	对应的专业毕业要求
1　知识层面 1.1 掌握常见有机化合物的分类方法与系统命名规则，了解常见有机化合物的普通命名和俗名。 1.2 掌握各类异构现象及立体化学的基本内容。 1.3 掌握各类有机化合物的结构特点、理化性质及不同官能团化合物之间的相互转换。熟悉有机化学基本理论，深入理解典型有机反应机理。了解各类物质代表性化合物的应用，使有机化学知识内化为对相关学科的支撑	茶学： 动物药学： 动物医学（五年制）： 动植物检疫（植物检疫）： 酿酒工程： 食品科学与工程： 食品质量与安全： 植物保护：
2　能力层面 2.1 构建严谨的科学思维，增强运用有机化学理论和知识去分析和解决复杂有机化学综合性问题和现实问题的能力和创新能力。 2.2 提升团队协作与沟通能力。 2.3 树立终身学习思想，强化自主学习能力	茶学： 动物药学： 动物医学（五年制）： 动植物检疫（植物检疫）： 酿酒工程： 食品科学与工程： 食品质量与安全： 植物保护：
3　素质层面 3.1 掌握和运用辩证唯物主义和历史唯物主义，树立正确的理想信念，学会正确的思维方法。 3.2 认识科学技术的两面性，树立探索未知、勇于质疑、追求真理、勇攀科学高峰的责任感和使命感。 3.3 树立“大农精诚，服务社会”的社会责任感，构建爱岗敬业、无私奉献、严谨求实、锐意创新的职业价值观	茶学： 动物药学： 动物医学（五年制）： 动植物检疫（植物检疫）： 酿酒工程： 食品科学与工程： 食品质量与安全： 植物保护

表 3-4　2022 年有机化学 A 课程教学内容

教学内容	教学要求	学时数	教学方式	支撑的课程目标
绪论 1. 有机化学和有机化合物 2. 有机化合物中的共价键 3. 有机化合物的分子结构 4. 有机化学中的酸碱理论 5. 有机化合物的分类	1. 了解有机化学研究对象、有机化学发展简史及其特性； 2. 掌握共价键的基础知识； 3. 了解有机化合物分子结构； 4. 理解路易斯酸碱理论； 5. 了解有机化合物的分类	1	讲授法、 问题教学法、 案例教学法、 讨论式教学法	1. 1、1. 2、1. 3、2. 1、2. 2、2. 3、3. 1、3. 2、3. 3
第一章　饱和烃 第一节　烷烃 1. 烷烃的通式、同系列和构造异构 2. 烷烃的命名 3. 烷烃的结构 4. 烷烃的物理性质 5. 烷烃的化学性质 6. 烷烃的来源和用途	1. 掌握烷烃及其异构体的书写方法； 2. 了解烷基，熟练掌握烷烃的普通命名法和系统命名法； 3. 理解构象的概念；掌握构象的透视式和 Newman 投影式的写法方法；理解各种极限构象与稳定性大小的关系； 4. 掌握烷烃的物理性质及其规律； 5. 掌握烷烃结构和化学性质，了解自由基取代反应机理； 6. 了解饱和烃的重要用途	3	讲授法、 演示法、 问题教学法、 案例教学法、 讨论式教学法	1. 1、1. 2、1. 3、2. 1、2. 2、2. 3、3. 1、3. 2、3. 3

续表3-4

教学内容	教学要求	学时数	教学方式	支撑的课程目标
第一章　饱和烃 第二节　环烷烃 1. 环烷烃的分类、异构和命名 2. 环烷烃的物理性质 3. 环烷烃的化学性质 4. 环烷烃的结构与环的稳定性 5. 环烷烃的立体化学	1. 掌握脂环烃的分类、异构和命名； 2. 掌握环烷烃的化学性质； 3. 掌握环己烷的结构和一元、二元取代物的优势构象的书写	2	讲授法、 演示法、 问题教学法、 案例教学法、 讨论式教学法	1. 1、1. 2、1. 3、2. 1、2. 2、2. 3、3. 1、3. 2、3. 3
第二章　不饱和烃 第一节　烯烃 1. 单烯烃的结构 2. 单烯烃的同分异构 3. 单烯烃的命名 4. 单烯烃的物理性质 5. 单烯烃的化学性质	1. 掌握烯烃的结构、异构、命名(特别是顺反异构体构型的Z/E标记法)、物理性质和相对稳定性； 2. 掌握烯烃亲电加成反应及其机理和规律；理解诱导效应和碳正离子的形成及其稳定性； 3 掌握烯烃的氧化反应及其规律	3	讲授法、 演示法、 问题教学法、 案例教学法、 讨论式教学法	1. 1、1. 2、1. 3、2. 1、2. 2、2. 3、3. 1、3. 2、3. 3
第二章　不饱和烃 第二节　炔烃 1. 炔烃的结构和命名 2. 炔烃的物理性质 3. 炔烃的化学性质	1. 掌握炔烃的结构和命名； 2. 掌握炔烃的化学性质	2	讲授法、 演示法、 问题教学法、 案例教学法、 讨论式教学法	1. 1、1. 2、1. 3、2. 1、2. 2、2. 3、3. 1、3. 2、3. 3
第二章　不饱和烃 第三节　二烯烃 1. 二烯烃的分类和命名 2. 1，3-丁二烯的结构和共轭效应 3. 共轭二烯烃的化学性质	1. 掌握二烯烃的分类和命名； 2. 掌握共轭作用和共振论，并能够利用共振论解释或解决有机化学问题； 3. 掌握共轭二烯烃的化学性质	1	讲授法、 演示法、 问题教学法、 案例教学法、 讨论式教学法	1. 1、1. 2、1. 3、2. 1、2. 2、2. 3、3. 1、3. 2、3. 3

续表3-4

教学内容	教学要求	学时数	教学方式	支撑的课程目标
第三章　芳香烃 第一节　单环芳烃 1. 苯的结构 2. 单环芳烃的命名和异构 3. 单环芳烃的物理性质 4. 单环芳烃的化学性质 5. 苯环上亲电取代反应的定位规律	1. 掌握单环芳香烃的结构和命名； 2. 掌握单环芳烃的化学性质，特别是亲电取代反应和氧化反应； 3. 掌握单环芳烃亲电取代反应机理、定位规律及其应用；熟悉芳环多官能团合成策略和思路	3	讲授法、 演示法、 问题教学法、 案例教学法、 讨论式教学法	1. 1、1. 2、1. 3、2. 1、2. 2、2. 3、3. 1、3. 2、3. 3
第三章　芳香烃 第二节　稠环芳烃 1. 萘 2. 其他稠环芳烃	1. 掌握简单稠环芳烃的结构和命名； 2. 掌握萘的化学性质	1	讲授法、 问题教学法、 案例教学法、 讨论式教学法	1. 1、1. 2、1. 3、2. 1、2. 2、2. 3、3. 1、3. 2、3. 3
第三章　芳香烃 第三节　休克尔规则与非苯芳烃 1. 休克尔规则 2. 非苯芳香烃	掌握休克尔规则及其应用	1	讲授法、 问题教学法、 案例教学法、 讨论式教学法	1. 1、1. 2、1. 3、2. 1、2. 2、2. 3、3. 1、3. 2、3. 3
第四章　旋光异构 第一节　物质的旋光性 对映异构体、分子手性与旋光性、偏振光等基本概念 第二节　含手性碳原子化合物的旋光异构 1. 含一个手性碳原子化合物的旋光异构 2. 含两个手性碳原子化合物的旋光异构	1. 掌握旋光性、比旋光度、手性分子和对称性、手性碳原子、对映体、非对映体、外消旋体和内消旋体等概念； 2. 理解分子的不对称性是产生旋光异构的根本原因，分子中含有手性碳原子是引起旋光性的普遍现象；能够根据分子的对称性判断化合物的手性； 3. 掌握旋光异构书写及构型标记	2. 5	讲授法、 演示法、 问题教学法、 案例教学法、 讨论式教学法	1. 1、1. 2、1. 3、2. 1、2. 2、2. 3、3. 1、3. 2、3. 3

续表3-4

教学内容	教学要求	学时数	教学方式	支撑的课程目标
第四章　旋光异构 第三节　不含手性碳原子化合物的旋光异构 1. 联苯型化合物 2. 丙二烯型化合物 第四节　立体化学在研究反应历程中的应用	1. 掌握不含手性碳原子化合物的旋光异构； 2. 认识立体结构本身对分子的生物功能、药性等的重要性	1.5	讲授法、 演示法、 问题教学法、 案例教学法、 讨论式教学法	1.1、1.2、1.3、2.1、2.2、2.3、3.1、3.2、3.3
第五章　卤代烃 第一节　卤代烷烃 卤代烷烃的分类和命名、物理性质和化学性质	1. 掌握卤代烃的分类、命名； 2. 掌握卤代烃的亲核取代反应、消除反应、格氏试剂的制备等化学反应及应用； 3. 理解亲核取代反应和消除反应的机理及其影响因素	3	讲授法、 演示法、 问题教学法、 案例教学法、 讨论式教学法	1.1、1.2、1.3、2.1、2.2、2.3、3.1、3.2、3.3
第五章　卤代烃 第二节　卤代烯烃和卤代芳烃 卤代烯烃和卤代芳烃的分类、命名和化学性质	1. 掌握卤代烯烃和卤代芳烃的分类、命名； 2. 能从结构特点对各类卤代烯烃、卤代芳烃在化学活性上的差异进行解释、分析	1	讲授法、 问题教学法、 案例教学法、 讨论式教学法	1.1、1.2、1.3、2.1、2.2、2.3、3.1、3.2、3.3
第六章　醇、酚、醚 第一节　醇 醇的分类和命名、物理性质和化学性质	1. 掌握醇的分类和命名； 2. 掌握醇的物理性质、化学性质及在有机合成和实际生活中的应用	2.5	讲授法、 问题教学法、 案例教学法、 讨论式教学法	1.1、1.2、1.3、2.1、2.2、2.3、3.1、3.2、3.3
第六章　醇、酚、醚 第二节　酚 酚的分类和命名、物理性质和化学性质	1 掌握酚的分类和命名； 2. 掌握酚的物理性质、化学性质及在有机合成和实际生活中的应用	1.5	讲授法、 问题教学法、 案例教学法、 讨论式教学法	1.1、1.2、1.3、2.1、2.2、2.3、3.1、3.2、3.3

续表3-4

教学内容	教学要求	学时数	教学方式	支撑的课程目标
第六章　醇、酚、醚 第三节　醚 醚的分类和命名、物理性质和化学性质	1. 掌握醚的分类和命名； 2. 掌握醚的物理性质、化学性质及在有机合成和实际生活中的应用	1	讲授法、 问题教学法、 案例教学法、 讨论式教学法	1.1、1.2、1.3、2.1、2.2、2.3、3.1、3.2、3.3
第七章　醛、酮、醌 第一节　醛、酮 1. 醛、酮的分类和命名 2. 醛、酮的物理性质和化学性质	1. 掌握醛、酮的分类、命名、结构、化学性质(醛、酮的亲核加成反应、加成-消除反应、α-氢的反应、氧化反应、还原反应和歧化反应)和醛酮的亲核加成反应机理； 2. 掌握醛、酮化学反应的异同点；熟悉醛、酮类物质的鉴别、合成策略和思路	5	讲授法、 问题教学法、 案例教学法、 讨论式教学法	1.1、1.2、1.3、2.1、2.2、2.3、3.1、3.2、3.3
第七章　醛、酮、醌 第二节　醌 醌的分类、命名、物理性质和化学性质	熟悉醌的分类、命名和化学性质	1	讲授法、 问题教学法、 案例教学法、 讨论式教学法	1.1、1.2、1.3、2.1、2.2、2.3、3.1、3.2、3.3
第八章　羧酸及其衍生物和取代酸 第一节　羧酸 掌握羧酸的分类和命名、物理性质和化学性质	掌握羧酸的分类和命名、物理性质和化学性质	2	讲授法、 问题教学法、 案例教学法、 讨论式教学法	1.1、1.2、1.3、2.1、2.2、2.3、3.1、3.2、3.3
第八章　羧酸及其衍生物和取代酸 第二节　羧酸衍生物 掌握羧酸衍生物的分类和命名、物理性质和化学性质	1. 掌握羧酸衍生物的分类和命名、物理性质和化学性质； 2. 掌握羧酸和羧酸衍生物间的相互转化方法； 3. 重点理解互变异构现象	2	讲授法、 问题教学法、 案例教学法、 讨论式教学法	1.1、1.2、1.3、2.1、2.2、2.3、3.1、3.2、3.3

续表3–4

教学内容	教学要求	学时数	教学方式	支撑的课程目标
第八章　羧酸及其衍生物和取代酸 第三节　取代酸 掌握取代酸（羟基酸和羰基酸）的分类和命名、物理性质和化学性质	1. 掌握取代酸的分类和命名、物理性质和化学性质； 2. 掌握羧酸、羧酸衍生物和取代酸间的相互转化方式	2	讲授法、 问题教学法、 案例教学法、 讨论式教学法	1. 1、1. 2、1. 3、2. 1、2. 2、2. 3、3. 1、3. 2、3. 3
第九章　含氮有机化合物 第一节　胺 1. 胺的分类和命名、物理性质和化学性质 2. 重氮化合物和偶氮化合物	1. 掌握胺的分类、命名和结构； 2. 掌握胺、重氮盐等的化学性质，特别是重氮盐转化为酚类等反应及霍夫曼反应的应用	3	讲授法、 问题教学法、 案例教学法、 讨论式教学法	1. 1、1. 2、1. 3、2. 1、2. 2、2. 3、3. 1、3. 2、3. 3
第九章　含氮有机化合物 第二节　酰胺 1. 酰胺的结构和命名、物理性质和化学性质 2. 碳酸的衍生物	掌握酰胺的分类、命名、结构和化学性质	1	讲授法、 问题教学法、 案例教学法、 讨论式教学法	1. 1、1. 2、1. 3、2. 1、2. 2、2. 3、3. 1、3. 2、3. 3
第十章　杂环化合物 1. 掌握杂环化合物的分类和命名、物理性质和化学性质 2. 了解其他重要杂环化合物及应用	1. 掌握杂环化合物的分类和命名，熟记常见杂环的音译名称和结构式； 2. 掌握典型五元、六元杂环的结构和化学性质；理解杂环的芳香性与化学性质的关系； 3. 了解生物碱及其他个别杂环衍生物	2	讲授法、 问题教学法、 案例教学法、 讨论式教学法	1. 1、1. 2、1. 3、2. 1、2. 2、2. 3、3. 1、3. 2、3. 3

续表3-4

教学内容	教学要求	学时数	教学方式	支撑的课程目标
第十一章　生物有机化合物 第一节　类脂化合物 1. 油脂的结构、组成和性质 2. 蜡 3. 磷脂	1. 熟悉油脂、蜡、磷脂的结构特点和基本性质； 2. 了解油脂、蜡、磷脂的应用	1	讲授法、 问题教学法、 案例教学法、 讨论式教学法	1. 1、1. 2、1. 3、2. 1、2. 2、2. 3、3. 1、3. 2、3. 3
第十一章　生物有机化合物 第二节　糖类化合物 1. 单糖的构型、结构、物理性质和化学性质 2. 二糖；多糖	1. 掌握单糖的结构（构型、透视式、构象式）、变旋现象和化学性质之间的关系，以及一些常见单糖的投影式； 2. 了解二糖和多糖的结构和性质； 3. 掌握糖类化合物的鉴定方法	4	讲授法、 问题教学法、 案例教学法、 讨论式教学法	1. 1、1. 2、1. 3、2. 1、2. 2、2. 3、3. 1、3. 2、3. 3
第十一章　生物有机化合物 第三节　氨基酸、蛋白质 1. 氨基酸的分类、构型、命名、物理性质和化学性质 2. 蛋白质的分类、结构和理化性质 第四节　核酸 核酸的基本单元结构和组成	1. 掌握氨基酸的命名、结构和化学性质；理解氨基酸溶液的酸碱性和其 pI 的关系； 2. 了解蛋白质的一、二级结构、肽的结构和蛋白质分子中的副键；熟悉蛋白质的理化性质； 3. 初步了解核苷、核苷酸的结构	3	讲授法、 问题教学法、 案例教学法、 讨论式教学法	1. 1、1. 2、1. 3、2. 1、2. 2、2. 3、3. 1、3. 2、3. 3

表 3-5　2022 年有机化学 B 课程课程目标

课程目标	对应的专业毕业要求
1　知识层面 1.1 熟练掌握常见有机化合物的分类方法与系统命名规则，了解常见有机化合物的普通命名和俗名。 1.2 掌握各类异构现象及立体化学的基本内容。 1.3 掌握各类有机化合物的结构特点、理化性质及不同官能团化合物之间的相互转换。熟悉有机化学基本理论，深入理解典型有机反应机理。了解各类物质代表性化合物的应用，使有机化学知识内化为对相关学科的支撑	安全工程： 草业科学： 动物科学： 动物科学教育： 环境工程： 环境科学： 环境科学(中外合作)： 农学： 农学教育： 农业资源与环境： 设施农业科学与工程： 生态学： 生物工程： 生物技术： 生物科学： 生物科学(中外合作)： 生物信息学： 食品科学与工程(中外合作)： 食品科学与工程教育： 水产养殖学： 水族科学与技术： 烟草： 园林： 园艺： 中药资源与开发： 种子科学与工程：

续表3-5

课程目标	对应的专业毕业要求
2　能力层面 2.1 构建严谨的科学思维，增强运用有机化学理论和知识去分析和解决复杂有机化学综合性问题和现实问题的能力和创新能力。 2.2 提升团队协作与沟通能力。 2.3 树立终身学习思想，强化自主学习能力	安全工程； 草业科学； 动物科学； 动物科学教育； 环境工程； 环境科学； 环境科学(中外合作)； 农学； 农学教育； 农业资源与环境； 设施农业科学与工程； 生态学； 生物工程； 生物技术； 生物科学； 生物科学(中外合作)； 生物信息学； 食品科学与工程(中外合作)； 食品科学与工程教育； 水产养殖学； 水族科学与技术； 烟草； 园林； 园艺； 中药资源与开发； 种子科学与工程；

续表3-5

课程目标	对应的专业毕业要求
3　素质层面 3.1 掌握和运用辩证唯物主义和历史唯物主义，树立正确的理想信念，学会正确的思维方法。 3.2 认识科学技术的两面性，树立探索未知、勇于质疑、追求真理、勇攀科学高峰的责任感和使命感。 3.3 树立“大农精诚，服务社会”的社会责任感，构建爱岗敬业、无私奉献、严谨求实、锐意创新的职业价值观	安全工程： 草业科学： 动物科学： 动物科学教育： 环境工程： 环境科学： 环境科学(中外合作)： 农学： 农学教育： 农业资源与环境： 设施农业科学与工程： 生态学： 生物工程： 生物技术： 生物科学： 生物科学(中外合作)： 生物信息学： 食品科学与工程(中外合作)： 食品科学与工程教育： 水产养殖学： 水族科学与技术： 烟草： 园林： 园艺： 中药资源与开发： 种子科学与工程：

表 3-6　2022 年有机化学 B 课程教学内容

教学内容	教学要求	学时数	教学方式	支撑的课程目标
绪论 1. 有机化学和有机化合物 2. 有机化合物中的共价键 3. 有机化合物的分子结构 4. 有机化学中的酸碱理论 5. 有机化合物的分类	1. 了解有机化学研究对象、有机化学发展简史及其特性； 2. 掌握共价键的基础知识； 3. 了解有机化合物分子结构； 4. 理解路易斯酸碱理论； 5. 了解有机化合物的分类	1	讲授法 问题法 导入法 启发法 讨论法 对比法	1. 1、1. 2、1. 3、2. 1、2. 2、2. 3、3. 1、3. 2、3. 3
第一章　饱和烃 第一节　烷烃 1. 烷烃的通式、同系列和构造异构 2. 烷烃的命名 3. 烷烃的结构 4. 烷烃的物理性质 5. 烷烃的化学性质 6. 烷烃的来源和用途	1. 掌握烷烃及其异构体的书写方法； 2. 了解烷基，熟练掌握烷烃的普通命名法和系统命名法； 3. 理解构象的概念；掌握构象的透视式和 Newman 投影式的写法方法；理解各种极限构象与稳定性大小的关系； 4. 掌握烷烃的物理性质及其规律； 5. 熟练掌握烷烃结构和化学性质，了解自由基取代反应机理； 6. 了解饱和烃的重要用途	3	讲授法 演示法 问题法 导入法 启发法 讨论法 对比法 归纳总结法 练习法	1. 1、1. 2、1. 3、2. 1、2. 2、2. 3、3. 1、3. 2、3. 3

续表3-6

教学内容	教学要求	学时数	教学方式	支撑的课程目标
第一章　饱和烃 第二节　环烷烃 1. 环烷烃的分类、异构和命名 2. 环烷烃的物理性质 3. 环烷烃的化学性质 4. 环烷烃的结构与环的稳定性 5. 环烷烃的立体化学	1. 掌握脂环烃的分类、异构和命名； 2. 掌握环烷烃的化学性质； 3. 掌握环己烷的结构和一元、二元取代物的优势构象的书写	2	讲授法 演示法 问题法 导入法 启发法 讨论法 对比法 归纳总结法 练习法	1. 1、1. 2、1. 3、2. 1、2. 2、2. 3、3. 1、3. 2、3. 3
第一章　不饱和烃 第一节　烯烃 1. 单烯烃的结构 2. 单烯烃的同分异构 3. 单烯烃的命名 4. 单烯烃的物理性质 5. 单烯烃的化学性质	1. 掌握烯烃的结构、异构、命名(特别是顺反异构体构型的 Z/E 标记法)、物理性质和相对稳定性； 2. 掌握烯烃亲电加成反应及其机理和规律；理解诱导效应和碳正离子的形成及其稳定性； 3. 掌握烯烃的氧化反应及其规律	3	讲授法 演示法 问题法 导入法 启发法 讨论法 对比法 归纳总结法 练习法	1. 1、1. 2、1. 3、2. 1、2. 2、2. 3、3. 1、3. 2、3. 3
第二章　不饱和烃 第二节　炔烃 1. 炔烃的结构和命名 2. 炔烃的物理性质 3. 炔烃的化学性质	1. 掌握炔烃的结构和命名； 2. 掌握炔烃的化学性质	2	讲授法 演示法 问题法 导入法 启发法 讨论法 对比法 归纳总结法 练习法	1. 1、1. 2、1. 3、2. 1、2. 2、2. 3、3. 1、3. 2、3. 3

续表3-6

教学内容	教学要求	学时数	教学方式	支撑的课程目标
第二章　不饱和烃 第三节　二烯烃 1. 二烯烃的分类和命名 2. 1，3-丁二烯的结构和共轭效应 3. 共轭二烯烃的化学性质	1. 掌握二烯烃的分类和命名； 2. 掌握共轭作用和共振论，并能够利用共振论解释或解决有机化学问题； 3. 掌握共轭二烯烃的化学性质	1	讲授法 演示法 问题法 导入法 启发法 讨论法 对比法 归纳总结法 练习法	1. 1、1. 2、1. 3、2. 1、2. 2、2. 3、3. 1、3. 2、3. 3
第三章　芳香烃 第一节　单环芳烃 1. 苯的结构 2. 单环芳烃的命名和异构 3. 单环芳烃的物理性质 4. 单环芳烃的化学性质 5. 苯环上的亲电取代反应的定位规律	1. 熟练掌握单环芳香烃的结构和命名； 2. 掌握单环芳烃的化学性质，特别是亲电取代反应和氧化反应； 3. 掌握单环芳烃亲电取代反应机理、定位规律及其应用；熟悉芳环多官能团合成策略和思路	3	讲授法 演示法 问题法 导入法 启发法 讨论法 对比法 归纳总结法 练习法	1. 1、1. 2、1. 3、2. 1、2. 2、2. 3、3. 1、3. 2、3. 3
第三章　芳香烃 第二节　稠环香烃 1. 萘 2. 其他稠环芳烃	1. 掌握简单稠环芳烃的结构和命名； 2. 掌握萘的化学性质	1	讲授法 问题法 导入法 启发法 讨论法 对比法 归纳总结法 练习法	1. 1、1. 2、1. 3、2. 1、2. 2、2. 3、3. 1、3. 2、3. 3

续表3-6

教学内容	教学要求	学时数	教学方式	支撑的课程目标
第三章　芳香烃 第三节　休克尔规则与非苯芳烃 1. 休克尔规则 2. 非苯芳香烃	掌握休克尔规则及其应用	1	讲授法 问题法 导入法 启发法 讨论法 对比法 归纳总结法 练习法	1. 1、1. 2、1. 3、2. 1、2. 2、2. 3、3. 1、3. 2、3. 3
第四章　旋光异构 第一节　物质的旋光性 对映异构体、分子手性与旋光性、偏振光等基本概念 第二节　物质的旋光性 1. 含一个手性碳原子化合物的旋光异构 2. 含两个手性碳原子化合物的旋光异构 3. 含手性碳原子环状化合物的旋光异构	1. 掌握旋光性、比旋光度、手性分子和对称性、手性碳原子、对映体、非对映体、外消旋体和内消旋体等概念； 2. 理解分子的不对称性是产生旋光异构的根本原因，分子中含有手性碳原子是引起旋光性的普遍现象；能够根据分子的对称性判断化合物的手性； 3. 掌握旋光异构书写及构型标记	2. 5	讲授法 演示法 问题法 导入法 启发法 讨论法 对比法 归纳总结法 练习法	1. 1、1. 2、1. 3、2. 1、2. 2、2. 3、3. 1、3. 2、3. 3
第四章　旋光异构 第三节　不含手性碳原子化合物的旋光异构 1. 联苯型化合物的旋光异构 2. 丙二烯型化合物的旋光异构 第四节　立体化学在研究反应历程中的应用	1. 掌握不含手性碳原子化合物的旋光异构； 2. 认识立体结构本身对分子的生物功能、药性等的重要性	1. 5	讲授法 演示法 问题法 导入法 启发法 讨论法 对比法 归纳总结法 练习法	1. 1、1. 2、1. 3、2. 1、2. 2、2. 3、3. 1、3. 2、3. 3

续表3-6

教学内容	教学要求	学时数	教学方式	支撑的课程目标
第五章　卤代烃 第一节　卤代烷烃 卤代烷烃的分类和命名、物理性质和化学性质	1. 掌握卤代烃的分类、命名； 2. 掌握卤代烃的亲核取代反应、消除反应、格氏试剂的制备及应用等化学反应； 3. 理解亲核取代反应和消除反应的机理及其影响因素	3	讲授法 演示法 问题法 导入法 启发法 讨论法 对比法 归纳总结法 练习法	1. 1、1. 2、1. 3、2. 1、2. 2、2. 3、3. 1、3. 2、3. 3
第五章　卤代烃 第二节　卤代烯烃和卤代芳烃 卤代烯烃和卤代芳烃的分类、命名和化学性质	1. 掌握卤代烯烃和卤代芳烃的分类、命名； 2. 能从结构特点对各类卤代烯烃、卤代芳烃在化学活性上的差异进行解释、分析	1	讲授法 演示法 问题法 导入法 启发法 讨论法 对比法 归纳总结法 练习法	1. 1、1. 2、1. 3、2. 1、2. 2、2. 3、3. 1、3. 2、3. 3
第六章　醇、酚、醚 第一节　醇 醇的分类和命名、物理性质和化学性质	1. 掌握醇的分类和命名； 2. 掌握醇的物理性质、化学性质及在有机合成和实际生活中的应用	2. 5	讲授法 问题法 导入法 启发法 讨论法 对比法 归纳总结法 练习法	1. 1、1. 2、1. 3、2. 1、2. 2、2. 3、3. 1、3. 2、3. 3
第六章　醇、酚、醚 第二节　酚 酚的分类和命名、物理性质和化学性质	1. 掌握酚的分类和命名； 2. 掌握酚的物理性质、化学性质及在有机合成和实际生活中的应用	1. 5	讲授法 问题法 导入法 启发法 讨论法 对比法 归纳总结法 练习法	1. 1、1. 2、1. 3、2. 1、2. 2、2. 3、3. 1、3. 2、3. 3

续表3-6

教学内容	教学要求	学时数	教学方式	支撑的课程目标
第六章　醇、酚、醚 第三节　醚 醚的分类和命名、物理性质和化学性质	1. 掌握醚的分类和命名； 2. 掌握醚的物理性质、化学性质及在有机合成和实际生活中的应用	1	讲授法 问题法 导入法 启发法 讨论法 对比法 归纳总结法 练习法	1. 1、1. 2、1. 3、2. 1、2. 2、2. 3、3. 1、3. 2、3. 3
第七章　醛、酮、醌 第一节　醛、酮 1. 醛、酮的分类和命名 2. 醛、酮的物理性质和化学性质	1. 掌握醛、酮的分类、命名、结构、化学性质(醛、酮的亲核加成反应、加成-消除反应、α-氢的反应、氧化反应、还原反应和歧化反应)和醛酮的亲核加成反应机理； 2. 掌握醛、酮化学反应的异同点；熟悉醛、酮类物质的鉴别、合成策略和思路	5	讲授法 问题法 导入法 启发法 讨论法 对比法 归纳总结法 练习法	1. 1、1. 2、1. 3、2. 1、2. 2、2. 3、3. 1、3. 2、3. 3
第七章　醛、酮、醌 第二节　醌 醌的分类、命名、物理性质和化学性质	熟悉醌的分类、命名和化学性质	1	讲授法 问题法 导入法 启发法 对比法 归纳总结法 练习法	1. 1、1. 2、1. 3、2. 1、2. 2、2. 3、3. 1、3. 2、3. 3
第八章　羧酸及其衍生物和取代酸 第一节　羧酸 掌握羧酸的分类和命名、物理性质和化学性质	掌握羧酸的分类和命名、物理性质和化学性质	2	讲授法 问题法 导入法 启发法 讨论法 对比法 归纳总结法 练习法	1. 1、1. 2、1. 3、2. 1、2. 2、2. 3、3. 1、3. 2、3. 3

续表3-6

教学内容	教学要求	学时数	教学方式	支撑的课程目标
第八章 羧酸及其衍生物和取代酸 第二节 羧酸衍生物 掌握羧酸衍生物的分类和命名、物理性质和化学性质	1. 掌握羧酸衍生物的分类和命名、物理性质和化学性质； 2. 掌握羧酸和羧酸衍生物间的相互转化方法； 3. 重点理解互变异构现象	2	讲授法 问题法 导入法 启发法 讨论法 对比法 归纳总结法 练习法	1. 1、1. 2、1. 3、2. 1、2. 2、2. 3、3. 1、3. 2、3. 3
第八章 羧酸及其衍生物和取代酸 第三节 取代酸 掌握取代酸(羟基酸和羰基酸)的分类和命名、物理性质和化学性质	1. 掌握取代酸的分类和命名、物理性质和化学性质； 2. 掌握羧酸、羧酸衍生物和取代酸间的相互转化方式	2	讲授法 问题法 导入法 启发法 讨论法 对比法 归纳总结法 练习法	1. 1、1. 2、1. 3、2. 1、2. 2、2. 3、3. 1、3. 2、3. 3
第九章 含氮有机化合 第一节 胺 1. 胺的分类和命名、物理性质和化学性质 2. 重氮化合物和偶氮化合物	1. 掌握胺的分类、命名和结构； 2. 掌握胺、重氮盐等的化学性质，特别是重氮盐转化为酚类等反应及霍夫曼反应的应用	3	讲授法 问题法 导入法 启发法 讨论法 对比法 归纳总结法 练习法	1. 1、1. 2、1. 3、2. 1、2. 2、2. 3、3. 1、3. 2、3. 3
第九章 含氮有机化合 第二节 酰胺 1. 酰胺的结构和命名、物理性质和化学性质 2. 碳酸的衍生物	掌握酰胺的分类、命名、结构和化学性质	2	讲授法 问题法 导入法 启发法 讨论法 对比法 归纳总结法 练习法	1. 1、1. 2、1. 3、2. 1、2. 2、2. 3、3. 1、3. 2、3. 3

续表3-6

教学内容	教学要求	学时数	教学方式	支撑的 课程目标
复习	各章节的重点、难点归纳总结	1	讲授法 对比法 归纳总结法 练习法	1.1、1.2、1.3、2.1、2.2、2.3、3.1、3.2、3.3

（二）无机及分析化学

早期的无机及分析化学教学内容主要包括：了解化学与工农业生产及人类生活的关系；了解化学学科的前沿知识；了解近代物质结构理论的基本知识；掌握化学热力学、化学反应速率、分散体系等方面的基本理论和基本知识；重点掌握四大平衡理论的原理和以滴定分析方法为主的测定物质含量的方法；建立准确的“量”的概念演变为新大纲的掌握溶液浓度的表示方法、换算；掌握稀溶液的依数性及其应用，胶体分散系的结构、性质、稳定性及聚沉规律，化学热力学、动力学、化学平衡的基本原理；同时能运用所学基本原理讨论化学反应能否发生、反应的快慢以及反应的完全程度。

目前的无机及分析化学教学内容主要包括：掌握四大平衡理论的原理和以滴定分析方法为主的测定物质含量的方法，建立准确的“量”的概念、物质结构的基本知识，包括原子核外电子的运动状态的描述、原子核外电子的排布规律，1~36号元素原子核外的电子排布式、元素基本性质的周期律；了解分子结构中化学键及化学键理论，包括现代价键理论、杂化轨道理论，分子间作用力与氢键及其对物质性质的影响；建立以绪论→溶液和胶体→化学反应速率→化学热力学基础及化学平衡→定量分析概论→酸碱平衡与沉淀溶解平衡→配位化合物→氧化还原反应→物质结构基础→仪器分析简述为主线的课程教学体系，在减少学时的同时，能较全面、系统地体现无机及分析化学的教学内容。表3-7~表3-12为新大纲的教学内容。

表 3-7　2008 年无机及分析化学课程教学内容

基本内容	教学基本要求	教学重点与难点	教学建议
第一章　溶液与胶体 1. 分散系及其分类 2. 溶液的浓度 3. 稀溶液的依数性 4. 胶体溶液	1. 了解分散系的分类方法，掌握分散系、分散质及分散介质的概念； 2. 掌握溶液浓度表示的几种方法、物质的量浓度、质量摩尔浓度、摩尔分数、质量分数、质量浓度； 3. 掌握拉乌尔定律及稀溶液依数性的变化与浓度的关系； 4. 能够应用稀溶液的依数性解释农业生产及生活实践中的一些问题； 5. 掌握胶团结构及溶胶的聚沉； 6. 了解表面活性物质及乳状液	重点：溶液的浓度、稀溶液的依数性、胶团结构及溶胶聚沉； 难点：拉乌尔定律、胶团结构	从胶粒带电的原因与吸附作用讲解胶粒的结构。从生活实践中的一些问题讲解依数性的应用，提高学生学习化学的兴趣
第二章　化学反应速率 1. 化学反应速率 2. 影响化学反应速率的因素	1. 掌握化学反应速率的表示方法； 2. 了解化学反应速率理论； 3. 掌握质量作用定律及化学反应速率方程式； 4. 掌握阿氏公式； 5. 了解催化剂对化学反应速率的影响	重点：质量作用定律、阿氏公式； 难点：反应机理	从碰撞理论定性分析影响化学反应速率的因素

续表3-7

基本内容	教学基本要求	教学重点与难点	教学建议
第三章　化学热力学基础与化学平衡 1. 热力学的基本概念及熵、焓、吉布斯自由能 2. 热力学第一、二、三定律 3. 化学反应热与热化学方程式 4. 化学反应和方向性 5. 化学平衡及其移动	1. 了解内能、焓、熵、自由能等状态函数的意义； 2. 掌握热力学第一定律； 3. 掌握化学反应热效应的计算； 4. 掌握熵及自由能变的计算； 5. 掌握用自由能变判断反应进行的方向； 6. 掌握吉布斯-赫姆霍兹公式及其计算； 7. 掌握标准平衡常数的意义及其相关计算； 8. 掌握化学反应等温式； 9. 掌握浓度、温度、压力对化学平衡的影响； 10. 掌握化学平衡的相关计算	重点：化学反应热效应、熵变及自由能变、化学平衡及其计算； 难点：吉布斯-赫姆霍兹公式及其计算及标准平衡常数	抓住状态函数的特征讲解内能、焓、熵、自由能及其变化。以吉布斯一赫姆霍兹公式的应用为主线展开讲解本章的主要计算公式
第四章　物质结构基础 1. 核外电子运动状态的描述 2. 原子核外电子排布及元素周期律 3. 离子键与离子化合物 4. 共价键与价键理论 5. 杂化轨道理论 6. 分子间力与氢键 7. 晶体结构	1. 了解核外电子运动的特征； 2. 掌握四个量子数； 3. 掌握原子核外电子排布及电子排布三原理； 4. 掌握元素周期律与原子结构的关系； 5. 掌握离子键及价键理论（VB法）、杂化轨道理论； 6. 能够应用杂化轨道理论解释一些典型分子的空间构型； 7. 掌握分子间力与氢键及其对物质物理性质的影响； 8. 了解晶体结构	重点：四个量子数、核外电子结构、杂化轨道理论； 难点：杂化轨道理论	从二维空间到三维空间的运动点引入描述核外电子运动状态的四个量子数。通过模型讲解价键理论与杂化轨道理论。根据电子层结构讲解元素周期律

续表3-7

基本内容	教学基本要求	教学重点与难点	教学建议
第五章　酸碱平衡与沉淀溶解平衡 1. 酸碱质子理论 2. 质子条件式及酸碱水溶液 pH 的计算 3. 同离子效应与盐效应 4. 缓冲溶液 5. 沉淀溶解平衡	1. 掌握酸碱质子理论及共轭酸碱 Ka9 与 Kb8 的关系； 2. 掌握质子条件式、弱酸(碱)的离解平衡及水溶液酸度计算； 3. 了解酸度变化对弱酸(碱)各存在型体的影响； 4. 掌握缓冲溶液的性质、组成、机制及相关计算； 5. 掌握溶度积规则及其应用	重点：弱酸(碱)的离解、缓冲溶液、溶度积规则； 难点：酸度对弱酸(碱)存在型体的影响、溶度积规则的应用计算	从质子条件式出发只详细讲解一元弱酸与多元弱酸的 pH 计算，其他可依此类推。溶度积规则及其应用以举例的形式讲解
第六章　配位化合物 1. 配位化合物的基本概念 2. 配位化合物的价键理论 3. 配位平衡 4. 螯合物及配合物的应用	1. 掌握配位化合物的组成命名； 2. 掌握配位化合物价键理论的要点及几种常见类型(配位数为 2 的配合物的杂化类型)及空间构型； 3. 掌握配位平衡及有关计算； 4. 掌握沉淀溶解平衡、酸碱电离平衡及氧化还原平衡对配位平衡的影响，掌握多重平衡及其计算； 5. 了解螯合物的结构特点及其稳定性； 6. 了解配合物的应用	重点：配合物的价键理论、配位平衡的相关计算； 难点：内、外轨型配合物的形成	配合物价键理论只介绍几种常见类型的配合物的杂化类型及空间构型，不要展开，否则学生会更加不懂。重点讲解几大平衡之间的关系

续表3-7

基本内容	教学基本要求	教学重点与难点	教学建议
第七章　氧化还原反应 1. 氧化还原反应基本概念 2. 原电池与电极电势 3. 影响电极电势的因素 4. 元素电势图及其应用	1. 掌握氧化还原的基本概念：氧化数、氧化与还原、氧化还原电对； 2. 掌握氧化还原反应方程式的配平； 3. 掌握原电池的组成、电极反应、电池符号的书写； 4. 掌握电极电势的应用； 5. 掌握能斯特公式及浓度、酸度、沉淀配位对电极电势的影响，能应用能斯特公式进行计算； 6. 了解元素电势图及其应用	重点：电极电势的应用、能斯特公式的应用； 难点：电极电势的影响因素及相关计算	通过氧化数的变化举例讲解原电池。重在能斯特公式及其应用
第八章　重要的生命元素(自学) 1. 生命元素概述 2. s、p、d、f 区元素	1. 掌握生物体的必需元素、有毒元素、有益元素与不确定元素； 2. 了解 s、p、d、f 区元素的通性，相关重要元素的重要性质及水溶液中的重要反应		
第九章　分析化学概论 1. 分析化学的任务与分析方法 2. 定量分析误差 3. 有限次分析数据的统计处理 4. 滴定分析法概述	1. 了解分析化学的任务与作用，分析方法的分类、定量分析的一般程序； 2. 掌握误差的表示方法及分类； 3. 掌握误差的来源及减免方法； 4. 掌握有效数字的概念及其运算规则； 5. 掌握可疑值取舍的几种方法，了解置信区间与置信概率； 6. 掌握滴定分析法的基本概念、滴定反应和滴定方式； 7. 掌握标准溶液的配制及滴定分析法的计算	重点：误差、有效数字、标准溶液的配制； 难点：置信区间与置信概率、可疑值的取舍	强调误差的概念，将误差贯穿于整个分析化学部分的教学。每一种滴定方式都以举例的形式进行讲解，通过实例使学生掌握几种滴定方式。强调滴定分析的相关计算的关键在于根据反应方程式写出计量关系

续表3-7

基本内容	教学基本要求	教学重点与难点	教学建议
第十章 滴定分析法 1. 酸碱滴定法 2. 配位滴定法 3. 氧化还原滴定法 4. 沉淀滴定法	1. 掌握酸碱指示剂、金属指示剂、氧化还原指示剂的变色原理； 2. 掌握酸碱滴定法的基本原理剂弱酸（碱）直接准确滴定的判据； 3. 配位滴定法的基本原理，掌握酸效应与酸效应系数、配位效应与配位效应系数、条件稳定常数的定义及其计算； 4. 掌握配位滴定中酸度的控制及酸效应曲线； 5. 了解提高配位滴定选择性的方法； 6. 了解氧化还原滴定法的基本原理，掌握几种常用的氧化还原滴定法； 7. 了解沉淀滴定法的基本原理及三种银量法； 8. 掌握酸碱滴定法、配位滴定法、氧化还原滴定法的应用	重点：酸碱滴定法、配位滴定法、氧化还原滴定法； 难点：配位滴定法中酸度的控制	滴定曲线只详细讲解强碱滴定强酸与一元弱酸的过程，并通过比较二者的滴定曲线得出一元弱酸直接准确滴定的判据，其他滴定的滴定曲线只介绍滴定过程的变化量是什么，不要过多讲解。重在酸碱滴定法、配位滴定法、氧化还原滴定法的应用。沉淀滴定法可不讲，学生自学
第十一章 重量分析法（自学） 1. 重量分析法的基本概念 2. 沉淀纯度及条件选择 3. 沉淀的过滤、洗涤、烘干与灼烧 4. 沉淀分离法	1. 掌握重量分析法对沉淀形成与称量形式的要求； 2. 掌握沉淀条件的选择及提高沉淀纯度的方法； 3. 了解影响沉淀溶解度的因素； 4. 掌握沉淀的处理过程； 5. 了解沉淀分离法	重点：沉淀的纯度及其影响条件、沉淀的处理过程	

续表3–7

基本内容	教学基本要求	教学重点与难点	教学建议
第十二章　吸光光度法 1. 物质对光的选择性吸收 2. 光吸收的基本定律 3. 吸光光度法的仪器 4. 吸光光度法分析条件的选择 5. 吸光光度法的应用	1. 了解物质对光的选择性吸收； 2. 掌握朗伯–比尔定律及其应用，了解偏离朗伯–比尔定律的原因； 3. 了解吸光光度法的仪器构造及部件作用； 4. 掌握显色反应及其影响因素； 5. 掌握吸光光度法的测定误差及测定条件的选择； 6. 吸光光度法的应用	重点：朗伯–比尔定律及其应用、测量误差及测量条件的选择； 难点：偏离朗伯–比尔定律的原因	在讲解物质对光的选择性吸收时加入颜色的命名。重在朗伯–比尔定律及其应用
第十三章　电势分析法 1. 电势分析法概述 2. 电势分析法的应用	1. 掌握电势分析法的基本原理； 2. 了解参比电极、指示电极的类型； 3. 了解 pH 玻璃电极的结构，掌握电势分析法及测定 pH 的方法和原理； 4. 了解电势法测定离子浓(活)度的方法； 5. 了解电势滴定法	重点：pH 的测定	只重点讲解 pH 的测定

表 3-8 2017 年无机及分析化学课程内容

基本内容	教学基本要求	教学重点与难点	教学建议
第一章 溶液与胶体 1. 分散系及其分类 2. 溶液的浓度 3. 稀溶液的依数性 4. 胶体溶液	1. 了解分散系的分类方法，掌握分散系、分散质及分散介质的概念； 2. 掌握溶液浓度表示的几种方法、物质的量浓度、质量摩尔浓度、摩尔分数、质量分数、质量浓度； 3. 掌握拉乌尔定律及稀溶液依数性的变化与浓度的关系； 4. 能够应用稀溶液的依数性解释农业生产及生活实践中的一些问题； 5. 掌握胶团结构及溶胶的聚沉； 6. 了解表面活性物质及乳状液	重点：溶液的浓度、稀溶液的依数性、胶团结构及溶胶聚沉； 难点：拉乌尔定律、胶团结构	从胶粒带电的原因与吸附作用讲解胶粒的结构。从生活实践中的一些问题讲解依数性的应用，提高学生学习化学的兴趣
第二章 化学热力学基础 1. 热力学的基本概念及熵、焓、吉布斯自由能 2. 热力学第一、二、三定律 3. 化学反应热与热化学方程式 4. 化学反应和方向性	1. 了解内能、焓、熵、自由能等状态函数的意义； 2. 掌握热力学第一定律； 3. 掌握化学反应热效应的计算； 4. 掌握熵及自由能变的计算； 5. 掌握用自由能变判断反应进行的方向； 6. 掌握吉布斯-赫姆霍兹公式及其计算	重点：状态函数的性质、化学反应热效应、熵变及自由能变、化学平衡及其计算； 难点：吉布斯-赫姆霍兹公式	抓住状态函数的特征讲解内能、焓、熵、自由能及其变化。以吉布斯-赫姆霍兹公式的应用展开讲解本章的主要计算公式

续表3-8

基本内容	教学基本要求	教学重点与难点	教学建议
第三章　化学反应速率和化学平衡 1. 化学反应速率 2. 影响化学反应速率的因素 3. 化学平衡及其移动	1. 掌握化学反应速率的表示方法； 2. 了解化学反应速率理论； 3. 掌握质量作用定律及化学反应速率方程式； 4. 掌握阿氏公式； 5. 了解催化剂对化学反应速率的影响； 6. 掌握浓度、温度、压力对化学平衡的影响； 7. 掌握化学平衡的相关计算	重点：反应速率的表示方法、质量作用定律、阿仑尼乌斯公式； 难点：质量作用定律和阿仑尼乌斯公式的应用及其计算标准平衡常	从阿仑尼乌斯公式中的浓度、速率常数和活化能去理解影响化学反应速率的因素
第四章　物质结构基础 1. 核外电子运动状态的描述 2. 原子核外电子排布及元素周期律 3. 离子键与离子化合物 4. 共价键与价键理论 5. 杂化轨道理论 6. 价层电子对互斥理论 7. 分子间力与氢键 8. 离子极化	1. 了解核外电子运动的特征； 2. 掌握四个量子数； 3. 掌握原子核外电子排布及电子排布三原理； 4. 掌握元素周期律与原子结构的关系； 5. 掌握离子键及价键理论（VB 法）、杂化轨道理论； 6. 能够应用杂化轨道理论解释一些典型分子的空间构型； 7. 掌握用价层电子对互斥理论判断简单分子、离子的空间构型； 8. 掌握分子间力与氢键及其对物质物理性质的影响； 9. 了解离子极化	重点：四个量子数、核外电子结构、杂化轨道理论、配位化合物价键理论； 难点：杂化轨道理论、价层电子对理论	从二维空间到三维空间的运动点引入描述核外电子运动状态的四个量子数。通过模型讲解价键理论与杂化轨道理论。根据电子层结构讲解元素周期律

续表3-8

基本内容	教学基本要求	教学重点与难点	教学建议
第五章　分析化学概论 1. 分析化学的任务与分析方法 2. 定量分析误差 3. 有限次分析数据的统计处理 4. 滴定分析法概述	1. 了解分析化学的任务与作用，分析方法的分类、定量分析的一般程序； 2. 掌握误差的表示方法及分类； 3. 掌握误差的来源及减免方法； 4. 掌握有效数字的概念及其运算规则； 5. 掌握可疑值取舍的几种方法，了解置信区间与置信概率； 6. 掌握滴定分析法的基本概念、滴定反应和滴定方式； 7. 掌握标准溶液的配制及滴定分析法的计算	重点：误差、有效数字、标准溶液的配制； 难点：标准溶液配制方法及其计算	强调误差的概念，将误差贯穿于整个分析化学部分的教学。每一种滴定方式都以举例的形式进行讲解，通过实例使学生掌握几种滴定方式。强调滴定分析的相关计算的关键在于根据反应方程式写出计量关系
第六章　酸碱平衡和酸碱滴定法 1. 酸碱质子理论 2. 质子条件式及酸碱水溶液 pH 的计算 3. 同离子效应与盐效应 4. 缓冲溶液 5. 酸碱指示剂 6. 酸碱滴定法及其应用	1. 掌握酸碱质子理论及共轭酸碱 Kaθ 与 Kbθ 的关系； 2. 掌握质子条件式、弱酸(碱)的离解平衡及水溶液酸度计算； 3. 了解酸度变化对弱酸(碱)各存在型体的影响； 4. 掌握缓冲溶液的性质、组成、机制及相关计算； 5. 掌握酸碱滴定法的基本原理剂弱酸(碱)直接准确滴定的判据	重点：弱酸(碱)的离解、缓冲溶液、溶度积规则； 难点：酸度对弱酸(碱)存在型体的影响、溶度积规则的应用计算	从质子条件式出发只详细讲解一元弱酸与多元弱酸的 pH 计算，其他可依此类推。溶度积规则及其应用以举例的形式讲解

续表3-8

基本内容	教学基本要求	教学重点与难点	教学建议
第七章　沉淀溶解平衡和沉淀滴定法 1. 溶度积及其规则 2. 沉淀的生成和溶解 3. 沉淀溶解平衡	1. 掌握难溶强电解质的溶度积原理； 2. 掌握溶度积与溶解度之间的定量关系； 3. 了解同离子效应和介质酸碱度对沉淀溶解平衡的影响； 4. 掌握溶度积规则、沉淀的生成和溶解的方法及其应用，了解分步沉淀和沉淀转化； 5. 了解沉淀滴定法的原理和应用	重点：溶度积常数的意义、溶度积规则； 难点：溶度积规则、分步沉淀、沉淀滴定法	沉淀溶解平衡是多相平衡，对实际工作有很大的意义，如在制备、分离、提纯等方面有广泛的应用，可以从实际情况出发举例讲解，如硫酸铜的制备和提纯。沉淀滴定法自学
第八章　配位平衡和配位滴定法 1. 配位化合物的基本概念 2. 配位平衡 3. 配合物的配价键理论 4. 螯合物及配合物的应用 5. 金属指示剂 6. 配位滴定法及其应用	1. 掌握配位化合物的组成命名； 2. 掌握配价键理论； 3. 掌握沉淀溶解平衡、酸碱电离平衡及氧化还原平衡对配位平衡的影响，重视平衡及其计算； 4. 了解螯合物的结构特点及其稳定性，了解配合物的应用； 5. 掌握 EDTA 配合物稳定性的外部因素，重点掌握酸效应和酸效应系数； 6. 掌握 EDTA 滴定法的基本原理，重点掌握单一金属离子准确滴定的界限及配位滴定中酸度的控制； 7. 了解金属指示剂，了解提高配位滴定选择性的方法和途径	重点：配合物的命名；配位平衡的相关计算；酸效应、酸效应系数及酸效应；曲线；条件稳定常数； 难点：配位平衡与其他平衡间的关系、价键理论中内外轨型及高低自旋等概念、酸效应曲线及其应用	几大平衡之间的关系多讲解一些

续表3-8

基本内容	教学基本要求	教学重点与难点	教学建议
第九章 氧化还原反应和氧化还原滴定法 1. 氧化还原反应基本概念 2. 原电池与电极电势 3. 影响电极电势的因素 4. 元素电势图及其应用 5. 氧化还原滴定法	1. 掌握氧化还原的基本概念：氧化数、氧化与还原、氧化还原电对； 2. 掌握氧化还原反应方程式的配平； 3. 掌握原电池的组成、电极反应、电池符号的书写； 4. 掌握电极电势的应用； 5. 掌握能斯特公式及浓度、酸度、沉淀配位对电极电势的影响，能应用能斯特公式进行计算； 6. 了解元素电势图及其应用； 7. 了解氧化还原滴定法的基本特点，了解条件电极电势的概念； 8. 了解氧化还原滴定曲线的计算方法，了解氧化还原滴定法的指示剂； 9. 掌握高锰酸钾标准溶液的配制与标定，了解高锰酸钾法、重铬酸钾法、碘量法的应用，掌握氧化还原滴定法的计算	重点：氧化数的概念和原电池；电极电势的应用、能斯特公式的应用；高锰酸钾法、重铬酸钾法和碘量法； 难点：能斯特公式的应用；元素电势图及其应用，碘量法	通过氧化数的变化举例讲解原电池。重在能斯特公式及其应用
第十章 吸光光度法 1. 物质对光的选择性吸收； 2. 光吸收的基本定律； 3. 吸光光度法的仪器； 4. 吸光光度法分析条件的选择； 5. 吸光光度法的应用	1. 了解物质对光的选择性吸收； 2. 掌握了解朗伯-比尔定律及其应用，了解偏离朗伯-比尔定律的原因； 3. 了解吸光光度法的仪器构造及部件作用； 4. 掌握显色反应及其影响因素； 5. 掌握吸光光度法的测定误差及测定条件的选择； 6. 吸光光度法的应用	重点：朗伯-比尔定律及其应用、测量误差及测量条件的选择； 难点：偏离朗伯-比尔定律的原因	在讲解物质对光的选择性吸收时加入颜色的命名。重在朗伯-比尔定律及其应用

续表3-8

基本内容	教学基本要求	教学重点与难点	教学建议
第十一章　电势分析法 1. 电势分析法概述 2. 电势分析法的应用	1. 掌握电势分析法的基本原理； 2. 了解参比电极、指示电极的类型； 3. 了解 pH 玻璃电极的结构，掌握电势分析法及测定 pH 的方法和原理； 4. 了解电势法测定离子浓（活）度的方法； 5. 了解电势滴定法	重点：pH 的测定	只重点讲解 pH 的测定
第十二章　现代仪器分析简介（自学） 1. 色谱分析法； 2. 光学分析法； 3. 电化学分析法	1. 了解几种色谱分析法的基本原理及应用； 2. 了解几种光学分析法的基本原理及应用； 3. 了解电化学分析法		
第十三章　重要的生命元素（自学） 1. 生命元素概述 2. s、p、d、f 区元素	1. 掌握生物体的必需元素、有毒元素、有益元素与不确定元素； 2. 了解 s、p、d、f 区元素的通性，相关重要元素的重要性质及水溶液中的重要反应		

表 3-9　2022 年无机及分析化学 A 课程目标

课程目标	对应的专业毕业要求
1　知识层面 1.1 掌握溶液浓度的表示方法、换算，稀溶液的依数性及其应用、分散体系的分类及胶体分散系的结构、性质、稳定性及聚沉规律； 1.2 掌握化学热力学、动力学、化学平衡的基本原理，同时能运用所学基本原理讨论化学反应能否发生、反应的快慢以及反应的完全程度。掌握四大平衡理论的原理和以滴定分析方法为主的测定物质含量的方法，建立准确的“量”的概念； 1.3 掌握物质结构的基本知识，包括原子结构中的微观粒子的运动规律、原子核外电子的运动状态的描述、原子核外电子的排布规律，要求掌握 1～36 号元素原子核外的电子排布式，掌握元素基本性质的周期律。掌握分子结构中化学键及化学键理论，包括离子键、现代价键理论、杂化轨道理论，分子间作用力与氢键及其对物质性质的影响	动物药学： 动物医学（五年制）： 动植物检疫（植物检疫）： 环境工程： 环境科学： 环境科学（中外合作）： 酿酒工程： 农业资源与环境： 生态学： 生物工程： 食品科学与工程： 食品质量与安全： 植物保护：
2　能力层面 2.1 熟练阐述无机及分析化学课程所包含的基本理论、基本知识和基本技能，具有对一般无机及分析化学问题进行理论分析和计算的能力；辨析化学中的“量”的基本概念，获得一些分析测试方案的规划和设计的基本能力； 2.2 在学习过程中要学会归纳总结，使知识系统化，具有自学能力； 2.3 通过对化学基本原理的理解，进而理解物质结构、性质、用途的关系，使化学知识内化为对相关学科的支撑	动物药学： 动物医学（五年制）： 动植物检疫（植物检疫）： 环境工程： 环境科学： 环境科学（中外合作）： 酿酒工程： 农业资源与环境： 生态学：
3　素质层面 3.1 培养学生具有初步解决化学问题的能力，养成严谨细致、实事求是的科学作风； 3.2 能够基于科学原理和科学方法分析、研究和解决化学及相关领域的复杂问题；并能将所学化学知识应用到后续专业学习中，培养学生的创新能力； 3.3 在课程学习过程中，贯彻立德树人理念，培养学生科学的思维方法，树立辩证唯物主义观点	动物药学： 动物医学（五年制）： 动植物检疫（植物检疫）： 环境工程： 环境科学： 环境科学（中外合作）： 酿酒工程： 农业资源与环境： 生态学： 生物工程： 食品科学与工程： 食品质量与安全： 植物保护：

表 3-10　2022 年无机分析化学 A 课程教学内容

教学内容	教学要求	学时数	教学方式	支撑的课程目标
绪论 溶液和胶体	1. 了解分散系的分类方法，掌握分散系、分散质及分散介质的概念； 2. 掌握溶液浓度的几种表示方法、物质的量浓度、质量摩尔浓度、摩尔分数、质量分数、质量浓度；掌握拉乌尔定律及稀溶液依数性的变化与浓度的关系；能够应用稀溶液的依数性解释农业生产及生活实践中的一些问题； 3. 掌握胶团结构及溶胶的聚沉；了解表面活性物质及乳状液	6	多媒体辅助教学、讲授，实际问题分析，线上辅助学习	1. 1，2. 2，3. 1，3. 2，3. 3
化学热力学基础	1. 了解内能、焓、熵、自由能等状态函数的意义；掌握热力学第一定律； 2. 掌握化学反应热效应的计算； 3. 掌握熵及自由能变的计算；掌握用自由能变判断反应进行的方向	5	多媒体辅助教学、讲授，实际问题分析，线上辅助学习	1. 2，2. 1，2. 2，3. 1，3. 2，3. 3
化学反应速率和化学平衡	1. 掌握化学反应速率的表示方法，了解化学反应速率理； 2. 掌握浓度、温度、催化剂对反应速率的影响，会用化学反应速率方程式及阿仑尼乌斯公式进行计算； 3. 掌握浓度、温度、压力对化学平衡的影响及化学平衡的相关计算	8	多媒体辅助教学、讲授+线上学习+习题演练	3. 2，3. 3

续表3-10

教学内容	教学要求	学时数	教学方式	支撑的课程目标
物质结构基础	1. 了解核外电子运动的特征，掌握四个量子数，掌握原子核外电子排布及电子排布三原理，掌握元素周期律与原子结构的关系； 2. 掌握离子键及价键理论（VB法）、杂化轨道理论，能够应用杂化轨道理论解释一些典型分子的空间构型； 3. 掌握分子间力与氢键及其对物质物理性质的影响，了解离子极化	10	多媒体辅助教学、讲授+线上学习	1. 3，2. 3，3. 3
分析化学概论	1. 了解分析化学的任务与作用，分析方法的分类、定量分析的一般程序； 2. 掌握误差的表示方法及分类，掌握误差的来源及减免方法，掌握有效数字的概念及其运算规则，掌握可疑值取舍的几种方法； 3. 掌握滴定分析法的基本概念、滴定反应和滴定方式，掌握标准溶液的配制及滴定分析法的计算	5	线上学习	1. 2，2. 1，2. 2，3. 1，3. 2，3. 3
酸碱平衡和酸碱滴定法	1. 理解酸碱平衡原理，掌握酸碱质子理论和质子条件式；掌握缓冲溶液的作用原理、组成、缓冲溶液的 pH 计算及缓冲溶液的配制； 2. 掌握酸碱滴定法的基本原理、弱酸（碱）直接准确滴定的判据及酸碱滴定的应用； 3. 熟练掌握酸碱平衡中有关浓度的计算和滴定分析的计算	10	多媒体辅助教学、讲授，实际问题分析，线上辅助学习	1. 2，2. 1，2. 2，3. 1，3. 2，3. 3

续表3-10

教学内容	教学要求	学时数	教学方式	支撑的课程目标
沉淀溶解平衡	1. 掌握难溶强电解质的溶度积原理，掌握溶度积与溶解度之间的定量关系； 2. 了解同离子效应和介质酸碱度对沉淀溶解平衡的影响； 3. 掌握溶度积规则、沉淀的生成和溶解的方法及其应用，了解分步沉淀和沉淀转化	4	线上学习	2. 2，3. 1，3. 2
配位平衡和配位滴定法	1. 掌握配位化合物的组成命名，掌握配价键理论，了解螯合物的结构特点及其稳定性，了解配合物的应用； 2. 掌握沉淀溶解平衡、酸碱电离平衡及氧化还原平衡对配位平衡的影响，重视平衡及其计算； 3. 掌握 EDTA 配合物稳定性的外部因素，重点掌握酸效应和酸效应系数，掌握 EDTA 滴定法的基本原理，重点掌握单一金属离子准确滴定的界限及配位滴定中酸度的控制，了解金属指示剂，了解提高配位滴定选择性的方法和途径	9	多媒体辅助教学、讲授，实际问题分析+线上学习	1. 2，2. 1，2. 2，3. 1，3. 2，3. 3
氧化还原反应和氧化还原滴定法	1. 掌握氧化还原反应的基本概念、原电池和电极电势，了解条件电极电势的意义； 2. 理解氧化还原平衡，掌握 Nernst 方程的应用； 3. 了解三大氧化还原滴定法的基本原理，了解氧化还原滴定法的指示剂，掌握高锰酸钾标准溶液的配制与标定，了解高锰酸钾法、重铬酸钾法、碘量法的应用，掌握氧化还原滴定法的计算	9	多媒体辅助教学、讲授+线上学习	1. 2，2. 1，2. 2，3. 1，3. 2，3. 3

续表3-10

教学内容	教学要求	学时数	教学方式	支撑的课程目标
吸光光度法	1. 了解吸光光度法的原理和方法； 2. 掌握朗伯-比尔定律的应用； 3. 熟悉显色反应和显色条件的选择及吸光度测量条件的选择	4	多媒体辅助教学、讲授+线上学习	1.2，2.1，2.2，3.1，3.2，3.3
电势分析法	1. 了解电势分析法的一般原理； 2. 了解电极的分类及工作原理； 3. 理解 pH 的测定原理和方法	2	自学	1.2，2.1，2.2，3.2，3.3

表 3-11　2022 年无机及分析化学 B 课程目标

课程目标	对应的专业毕业要求
1　知识层面 1.1 掌握溶液浓度的表示方法、换算，稀溶液的依数性及其应用、分散体系的分类及胶体分散系的结构、性质、稳定性及聚沉规律。 1.2 掌握化学热力学、动力学、化学平衡的基本原理，同时能运用所学基本原理讨论化学反应能否发生、反应的快慢以及反应的完全程度。掌握四大平衡理论的原理和以滴定分析方法为主的测定物质含量的方法，建立准确的“量”的概念。 1.3 掌握物质结构的基本知识，包括原子结构中的微观粒子的运动规律、原子核外电子的运动状态的描述、原子核外电子的排布规律，要求掌握 1~36 号元素原子核外的电子排布式，掌握元素基本性质的周期律。掌握分子结构中化学键及化学键理论，包括离子键、现代价键理论、杂化轨道理论，分子间作用力与氢键及其对物质性质的影响	安全工程： 草业科学： 茶学： 动物科学： 动物科学教育： 农学： 农学教育： 设施农业科学与工程： 生物技术： 生物科学： 生物科学(中外合作)： 生物信息学： 食品科学与工程(中外合作)： 食品科学与工程教育： 水产养殖学： 水族科学与技术： 烟草： 园林： 园艺： 中药资源与开发 种子科学与工程：

续表3-11

课程目标	对应的专业毕业要求
2　能力层面 2.1 熟练阐述无机及分析化学课程所包含的基本理论、基本知识和基本技能，具有对一般无机及分析化学问题进行理论分析和计算的能力；建立准确的“量”的概念。 2.2 在学习过程中要学会归纳总结，使知识系统化，具有自学能力。 2.3 通过对化学基本原理的理解，进而理解物质结构、性质、用途的关系，使化学知识内化为对相关学科的支撑	安全工程： 草业科学： 茶学： 动物科学： 动物科学教育： 农学： 农学教育： 设施农业科学与工程： 生物技术： 生物科学： 生物科学(中外合作)： 生物信息学： 食品科学与工程(中外合作)： 食品科学与工程教育： 水产养殖学： 水族科学与技术： 烟草： 园林： 园艺： 中药资源与开发： 种子科学与工程：
3　素质层面 3.1 培养学生具有初步解决化学问题的能力，养成严谨细致、实事求是的科学作风。 3.2 能够基于科学原理和科学方法分析、研究和解决化学及相关领域的复杂问题；并能将所学化学知识应用到后续专业学习中。 3.3 在课程学习过程中，贯彻立德树人理念，使学生的思想道德和科学文化素质得到全面的提高	安全工程： 草业科学： 茶学： 动物科学： 动物科学教育： 农学： 农学教育： 设施农业科学与工程： 生物技术： 生物科学： 生物科学(中外合作)： 生物信息学： 食品科学与工程(中外合作)： 食品科学与工程教育： 水产养殖学： 水族科学与技术： 烟草： 园林： 园艺： 中药资源与开发： 种子科学与工程：

表 3-12　2022 年无机及分析化学 B 课程教学内容

教学内容	教学要求	学时数	教学方式	支撑的课程目标
绪论 溶液和胶体	1. 了解分散系的分类方法，掌握分散系、分散质及分散介质的概念； 2. 掌握溶液浓度表示的几种方法、物质的量浓度、质量摩尔浓度、摩尔分数、质量分数、质量浓度；掌握稀溶液依数性，能够应用稀溶液的依数性解释农业生产及生活实践中的一些问题； 3. 掌握胶团结构及溶胶的聚沉	5	多媒体辅助教学、讲授，实际问题分析，线上辅助学习	1. 1，2. 2，3. 1，3. 2，3. 3
化学热力学基础	1. 了解内能、焓、熵、自由能等状态函数的意义；掌握热力学第一定律； 2. 掌握化学反应热效应的计算； 3. 掌握熵及自由能变的计算；掌握用自由能变判断反应进行的方向	5	多媒体辅助教学、讲授，实际问题分析，线上辅助学习	1. 2，2. 1，2. 2，3. 1，3. 2，3. 3
化学反应速率和化学平衡	1. 掌握化学反应速率的表示方法，了解化学反应速率理； 2. 掌握浓度、温度、催化剂对反应速率的影响，会用化学反应速率方程式及阿仑尼乌斯公式进行计算； 3. 掌握浓度、温度、压力对化学平衡的影响及化学平衡的相关计算	8	多媒体辅助教学、讲授+线上学习+习题演练	1. 2，2. 1，2. 2，3. 1，3. 2，3. 3
物质结构基础	1. 了解核外电子运动的特征，掌握四个量子数，掌握原子核外电子排布及电子排布三原理，掌握元素周期律与原子结构的关系； 2. 掌握价键理论（VB 法）、杂化轨道理论； 3. 掌握分子间力与氢键及其对物质物理性质的影响	7	多媒体辅助教学、讲授+线上学习	1. 3，2. 3，3. 3

续表3-12

教学内容	教学要求	学时数	教学方式	支撑的课程目标
分析化学概论	1. 了解分析化学的任务与作用，分析方法的分类、定量分析的一般程序； 2. 掌握误差的表示方法及分类，掌握误差的来源及减免方法，掌握有效数字的概念及其运算规则，掌握可疑值取舍的几种方法； 3. 掌握滴定分析法的基本概念、滴定反应和滴定方式，掌握标准溶液的配制及滴定分析法的计算	5	线上学习	1. 2，2. 1，2. 2，3. 1，3. 2，3. 3
酸碱平衡和酸碱滴定法	1. 理解酸碱平衡原理，掌握酸碱质子理论和质子条件式；掌握缓冲溶液的作用原理、组成、缓冲溶液的 pH 计算及缓冲溶液的配制； 2. 掌握酸碱滴定法的基本原理、弱酸(碱)直接准确滴定的判据及酸碱滴定的应用； 3. 熟练掌握酸碱平衡中有关浓度的计算和滴定分析的计算	10	多媒体辅助教学、讲授，实际问题分析，线上辅助学习	1. 2，23. 11，23. 22，2. 3
沉淀溶解平衡	1. 掌握难溶强电解质的溶度积原理，掌握溶度积与溶解度之间的定量关系 2. 了解同离子效应和介质酸碱度对沉淀溶解平衡的影响； 3. 掌握溶度积规则、沉淀的生成和溶解的方法及其应用，了解分步沉淀和沉淀转化	3	线上学习	2. 2，3. 1，3. 2

续表3-12

教学内容	教学要求	学时数	教学方式	支撑的课程目标
配位平衡和配位滴定法	1. 掌握配位化合物的组成命名，掌握配价键理论，了解螯合物的结构特点及其稳定性，了解配合物的应用； 2. 掌握沉淀溶解平衡、酸碱电离平衡及氧化还原平衡对配位平衡的影响，重视平衡及其计算； 3. 掌握 EDTA 配合物稳定性的外部因素，重点掌握酸效应和酸效应系数，掌握 EDTA 滴定法的基本原理，重点掌握单一金属离子准确滴定的界限及配位滴定中酸度的控制，了解金属指示剂，了解提高配位滴定选择性的方法和途径	9	多媒体辅助教学、讲授，实际问题分析+线上学习	1. 2，2. 1，2. 2，3. 1，3. 2，3. 3
氧化还原反应和氧化还原滴定法	1. 掌握氧化还原反应的基本概念、原电池和电极电势，了解条件电极电势的意义； 2. 理解氧化还原平衡，掌握 Nernst 方程的应用； 3. 了解三大氧化还原滴定法的基本原理，了解氧化还原滴定法的指示剂，掌握高锰酸钾标准溶液的配制与标定，了解高锰酸钾法、重铬酸钾法、碘量法的应用，掌握氧化还原滴定法的计算	9	多媒体辅助教学、讲授+线上学习	1. 2，2. 1，2. 2，3. 1，3. 2，3. 3
吸光光度法	1. 了解吸光光度法的原理和方法； 2. 掌握朗伯–比尔定律的应用； 3. 熟悉显色反应和显色条件的选择及吸光度测量条件的选择	3	线上学习	1. 2，2. 1，2. 2，3. 1，3. 2，3. 3

三、教学方法的增强

前期的教学大纲主要采取模型与多媒体辅助式教学。教学方法的改变是为了更好地适应学生的学习需求，提升教学效果，利用新兴技术，促进学生批判性思维和创新能力的发展，以应对教育政策和社会需求的变化。这些改变有助于激发学生兴趣，加深学生对化学概念的理解，提高实践能力，实现个性化教学，培养终身学习的能力。

所以后期的教学大纲针对教学方法的改革主要体现为采用线上线下相结合、板书与多媒体相结合方式，灵活运用模型教具、动画视频等多种现代化教学手段开展教学，充分调动学生学习的积极性。随着教学大纲的改变，根据不同的教学目标、教学内容及学生具体情况，在旧大纲主要以模型与多媒体辅助式为教学方法的基础上综合应用多种教学方法，主要包括如下几种类型：

（一）导入法

在教学中可以根据授课知识点的不同，采用不同导入法，常见方法有：化学史法、温故知新法、分子模型法、实验演示法、社会热点问题法、前沿科学法等。这样不仅可以拓展学生化学知识面，激发学生学习兴趣，而且可以增强学生爱国情怀，涵养学生崇高品德，培养学生的思想道德素养和科学素养。

（二）讲授、问题、讨论、启发法

在讲授过程中，对于教学的重点、难点、易错点，老师设置合适的问题，引导学生思考、讨论，启发学生用相关知识点解决问题，学生在学习过程中学会主动探究、主动思考。在课堂上启发学生思考是很重要的，而讨论是行之有效的好方法。讨论能活跃课堂气氛，调动学生的主动性，也能培养学生的学习能力和创造性思维，同时还有助于学生对相关知识点的理解。

（三）演示法

有机化合物结构抽象，其立体化学反应灵活多变，利用教学模型、多媒体动画演示教学，有助于学生更好地理解和掌握有机分子的结构，更清晰地掌握有机化合物的化学性质。

（四）对比法

化学反应众多，机理深奥，合成复杂，在教学中，对于易混淆、难于理解记忆的知识点，采用对比教学法，通过概念对比、结构与性质对比、反应条件对比、机理对比、合成方法对比等多角度分析比较，抓住事物的主要矛盾，能帮助学生理清知识的相同点与差异，加深学生对知识点的理解。

（五）归纳总结法

化学知识点多，但逻辑性强，在教学中，老师引导学生梳理各知识点的逻辑关系，并绘制思维导图，使零散知识点形成有机整体，有利于学生全面掌握知识体系。

（六）练习法

化学知识点多，必须多练才能灵活应用所学知识。老师选取典型的习题，要求学生在课前、课中、课后通过线上或线下练习，理清解题思路，明确逻辑关系，巩固知识点。

四、考核方式的改进

当今世界，无论是国际还是国内，各种竞争最终都可归结为人才的竞争，而人才的培养，教育是其根本。在当前创新人才培养、学科交叉融合以及网络课程等教育改革的大背景下，对传统考试模式进行切实有效的改革，是提升教学质量的关键途径。

由于大学招生规模的扩大以及基础化学课程教师资源的相对紧张，目前我们采用的是大班教学模式，每班学生人数大约为 120 人。该课程的考核方式通常包括平时成绩（如出勤和作业）以及闭卷考试。然而，这种传统的考试模式存在一些问题，例如考试内容可能不够合理，考试形式单一，导致学生在考试前突击记忆，考试后迅速遗忘；学生上课时过分关注笔记，考前机械记忆，考后则因忘记而感到遗憾；一些学生对学习缺乏积极性，兴趣不高，逃课现象严重，考试不及格率也相对较高。因此，改革基础化学课程的考试方式尤为迫切。

在前期的旧大纲的考核方式中，平时成绩占 30%，主要由考勤和平时作业构成；期末考试成绩占 70%，采用闭卷笔试的形式，题型多为选择题、填空题、简答题和计算题，侧重于对理论知识的记忆和对公式的运用。而新大纲调整为：①平时成绩占 40%，包括考勤（10%）、课堂表现（10%）、平时作业（10%）和阶段性小测验（10%）。课堂表现主要考察学生的课堂参与度、回答问题的质量等；阶段性小测验则在每个教学单元结束后进行，及时检验学生对知识的掌握程度。②实验成绩占 30%，对学生在实验课程中的操作规范、实验报告质量、数据处理和分析能力等进行综合评定。③期末考试成绩占 30%，采用半开卷考试的形式，允许学生携带一张 A4 大小的自制笔记。考试题型减少了单纯的记忆性题目，增加了案例分析题、应用题和论述题，注重考查学生对知识的理解、应用和综合分析能力。

第三节　基础化学实验课教学改革迭代

湖南农业大学在基础化学实验课程的教学改革中，致力于构建一个与时代发展同步、注重学生实践能力和创新精神培养的教学体系。学校投入大量资源，建立了先进的化学实验教学中心，配备了现代化的实验设备和仪器，为学生提供了一个安全、高效的实验学习环境，旨在通过不断更新实验课程内容，引入新的实验技术和方法，确保学生能够学习和掌握化学研究的前沿知识。同时，学校鼓励教师采用多样化的教学方法，如探究式学习、小组合作、案例分析等，以提高学生的实践能力和创新思维。湖南农业大学在基础化学实验课程的教学大纲上进行了一系列的改革和更新，以适应新时代教育的需求和提升学生的实践能力。

一、课程目标的调整

在早期大纲中，基础化学实验课程目标主要聚焦于培养学生的基本实验技能和对化学理论知识的验证。那时，教学大纲强调学生通过实验操作熟悉化学仪器的使用方法，掌握基本的实验流程和规范。早年的基础化学实验课程注重实验的准确性和可重复性，学生在教师的详细指导下进行实验，主要目的是巩固课堂上所学的化学理论知识。例如，通过酸碱滴定实验验证酸碱中和反应的定量关系，通过物质的提纯实验掌握分离和提纯物质的基本方法。在这个阶段，实验内容多为经典的化学实验，实验设计较为单一，主要以教师演示和学生模仿为主。

然而，随着农业领域对化学知识应用的不断拓展和深化，这种传统的实验教学模式逐渐难以满足学生的学习需求和农业发展的实际需要。中期由于农业科技创新的加速以及对应用型人才需求的增长，基础化学实验课程目标进行了重大调整。一方面，随着现代农业对精准检测和质量控制的要求不断提高，基础化学实验课程调整为更加注重培养学生的分析检测能力，增加了与农业相关的分析实验内容，如土壤成分分析、农产品中有害物质的检测等。通过这些实验，学生不仅掌握了先进的分析检测技术，还了解了化学分析在农业生产和质量控制中的重要作用。另一方面，随着学科前沿的不断突破，绿色化学、纳米材料等在农业领域的应用逐渐兴起。基础化学实验课程引入了这些前沿领域的实验内容，让学生接触到最新的科研成果和实验技术。例如，开展纳米材料在农药缓释中的应用实验，培养学生的创新思维和实践能力。同时，在教学方法上也进行了改革，实验课程不再仅仅是教师的单向传授，而是更加注重学生的自主学习和团队合作。教师引导学生自主设计实验方案、分析实验结果，并通过小组讨论和合作解决实验中遇到的问题。这种教学方法提高了学生的学习积极性和主动性，培养了他们的创新能力和团队协作精神。

首先，为了适应新农科对复合型创新人才的培养要求，基础化学实验课程更加注重学科交叉融合。其将化学实验与生物学、物理学、信息学等学科相结合，开展了跨学科实验项目。例如，结合生物学知识进行生物传感器的制备与应用实验，结合信息学技术进行化学数据分析与处理实验。通过这些跨学科实验，学生的综合素养和创新能力得到培养，他们能够更好地应对复杂的农业问题。在“基础化学实验”课程中，旧大纲可能主要围绕酸碱滴定、重量分析等经典实验，目标是让学生掌握这些基本的分析方法；新大纲则会增加“农产品中重金属含量的测定”这类实验，要求学生自行查阅资料并确定实验方案，使用先进仪器进行检测分析，并对结果进行讨论和评价，目标是培养学生将分析化学知识应用于农业实际问题的能力。又如涉及“有机化学实验”的部分，旧大纲可能侧重于有机化合物的合成与分离提纯；新大纲则可能会安排“从植物中提取有效成分并鉴定其结构”的实验，课程目标在于让学生了解有机化学在农业天然产物研究中的应用，同时提高学生综合运用有机化学实验技能解决复杂问题的能力。

其次，随着环保意识的不断增强，课程目标强调培养学生的绿色化学理念和可持续发展意识。在实验内容设计中，增加了绿色化学实验项目，如绿色合成方法的探索、废弃物的回收利用等，引导学生在实验过程中注重环境保护，减少化学实验对环境的污染。

再次，基础化学实验课程还加强了与农业企业和科研机构的合作，为学生提供了更多的实践机会和创新平台。学生可以参与企业的实际项目和科研课题，将所学知识应用于实际生产和科研，从而提高实践能力和职业竞争力。同时，通过与企业和科研机构的合作，教师也能够及时了解农业领域的最新需求和发展动态，进一步优化课程目标和教学内容。

总之，在新农科背景下，基础化学实验课程目标不断调整和完善，以适应农业发展的新需求和人才培养的新要求。通过三个版本的教学大纲调整，基础化学实验课程将为培养具有创新精神、实践能力和社会责任感的新农科人才发挥更加重要的作用。

以下是基础化学实验教学目标：

1. 知识层面

(1)掌握化学实验的安全常识、基本方法和技能，掌握四大平衡之间的联系；

(2)掌握无机化合物分离、提纯和制备的基本方法，掌握有机化合物提取、分离的基本操作；

(3)掌握常见物理量和常数的测定方法及其应用，掌握滴定分析和简单仪器分析的基本操作。

2. 能力层面

(1)具备一定的实践动手能力和良好的实验习惯，具有敏锐的观察能力；

(2)具有基本的数据处理及作图的能力；

(3)初步具备自学能力和发现问题、分析问题并尝试解决问题的能力。

3. 素质层面

(1)具有安全意识、环保意识；

(2)具有严谨的科学态度和良好的实验作风；

(3)具有社会责任感和合作意识。

二、教学内容的更新

在早期的大纲中，化学实验教学内容只有基础化学实验操作训练，如玻璃仪器的洗涤、溶液的配制等，经典的化学实验，如酸碱滴定实验、硫酸铜的制备等，以及一些简单的物质性质验证实验，如验证某些金属离子的焰色反应等。

随着农业科学与其他学科如生物学、环境科学、材料科学等的交叉融合，化学实验内容增加了跨学科的元素，以反映这种融合。新的实验技术和设备的出现，如自动化分析仪器、分子生物学技术等，被纳入化学实验教学，以提高实验的精确性和效率。现代农业技术的发展，如精准农业、智能农业等，需要化学实验教学内容进行相应的更新，以适应现代农业的需求。化学实验教学正努力适应时代发展的需求，提高教育质量和学生的实践能力。

基于此，在中后期新大纲的教学内容中引入了现代仪器分析实验，如使用气相色谱-质谱联用仪(GC-MS)分析农产品中的挥发性成分，用红外光谱仪鉴定有机化合物的结构；增加了与农业密切相关的实验项目，比如测定土壤中有机污染物的含量，分析饲料中的营养成分；开展了综合性实验，如研究某种新型农药在不同条件下的降解过程，需要学生综合运用化学分析、仪器分析等多种方法；融入了绿色化学理念的实验内容，例如探索使用环境友好型试剂进行实验，或者对实验废弃物进行绿色化处理。此外，在涉及“无机及分析化学”的实验中，早期大纲主要是开展常见无机离子的定性分析实验；后期的新大纲则可能会安排“土壤中氮、磷、钾含量的测定及施肥建议”这样的实验，要求学生先对土壤样品进行前处理，然后选择合适的分析方法(如分光光度法、原子吸收光谱法等)测定营养元素含量，并根据测定结果给出合理的施肥方案(表3-13)。

表3-13　基础化学实验课的教学内容

实验(实践)项目名称	教学要求	学时数	实验类别
工业乙醇提纯——蒸馏与分馏	1. 了解用普通蒸馏分离液体有机物的原理，掌握普通的操作方法； 2. 了解测定沸点的意义、原理和方法； 3. 了解分馏的基本原理和基本操作	4	综合性
熔点的测定	1. 理解熔点测定的原理和意义； 2. 掌握测定熔点的方法和技术	4	验证性
硫酸铜的提纯	1. 通过氧化反应及水解反应了解提纯硫酸铜的原理和方法； 2. 练习台秤的使用； 3. 掌握过滤、蒸发、结晶等基本操作	4	验证性

续表3-13

实验(实践)项目名称	教学要求	学时数	实验类别
滴定分析基本操作	1. 掌握滴定分析常用仪器的洗涤和正确使用方法； 2. 掌握酸碱溶液的粗配方法； 3. 通过练习滴定操作，初步掌握甲基橙、酚酞指示剂终点的确定	4	验证性
酸度计的使用，醋酸电离常数的测定	1. 加深对离解度和离解常数的理解； 2. 掌握弱电解质电离常数的测定方法； 3. 掌握用 pH 计测定 HAc 电离度和电离常数的原理和方法	4	验证性
电解质与胶体	1. 掌握电离平衡和同离子效应等理论； 2. 了解盐的水解作用及其影响因素； 3. 学习缓冲溶液的性质与配制； 4. 根据溶度积规则熟悉沉淀生成、溶解和转化等进行的条件； 5. 了解胶体的制备及破坏方法； 6. 了解固体在溶液中的吸附作用	4	验证性
氧化还原及配位化合物	1. 了解常见的氧化剂和还原剂的反应； 2. 掌握电极电位的影响因素，了解它与氧化还原反应的关系； 3. 熟悉浓度、介质的酸度和温度等因素对氧化还原反应的影响； 4. 了解酸碱平衡、沉淀平衡、氧化还原平衡与配位平衡的相互影响； 5. 了解几种不同类型配离子的形成； 6. 比较配离子的稳定性	4	验证性
从烟草中提取烟碱	1. 学习水蒸气蒸馏法分离提纯有机物的基本原理和操作技术； 2. 了解生物碱的提取方法及其一般性质	4	综合性
乙酸乙酯的合成	1. 掌握酯化反应制备羧酸酯的基本原理； 2. 掌握萃取和洗涤的操作方法； 3. 熟练掌握回流和蒸馏的操作方法	4	综合性

续表3-13

实验(实践)项目名称	教学要求	学时数	实验类别
苯甲酸的提纯	1. 掌握重结晶操作的基本原理与操作过程； 2. 掌握热过滤的基本原理及操作，掌握菊花型滤纸的折叠； 3. 掌握减压过滤的特点及操作	4	验证性
鲜蘑菇中游离α-氨基酸含量的测定	1. 了解用分光光度法测定游离氨基酸的原理与方法； 2. 掌握分光光度计的使用	4	综合性
混合碱的分析	1. 了解酸碱滴定法的应用； 2. 掌握混合碱的原理和组成成分的判别及计算方法	4	综合性
水中钙、镁含量的测定	1. 掌握配位滴定法的原理，了解配位滴定法的特点； 2. 掌握 EDTA 的配制及标定 EDTA 的基本原理与方法； 3. 了解水的硬度的概念及其表示方法	4	综合性
高锰酸钾法测定双氧水中 H_2O_2 的含量	1. 掌握高锰酸钾标准溶液的配制和标定方法； 2. 掌握用高锰酸钾法测定过氧化氢含量的原理和方法	4	演示性
自制胆矾纯度的检测	1. 掌握硫代硫酸钠标准溶液的配制； 2. 了解间接碘量法的原理和方法	4	综合性

三、实践教学的加强

旧大纲中，实验课程占农科专业基础化学课程体系总课程的比例相对较低，例如每学期仅安排 8~10 个实验项目，且实验多为验证性实验，只需学生按照给定的步骤进行操作，创新性和自主性不足，实践教学主要在学校实验室进行，与农业生产实际场景联系较少。相较而言，新大纲大幅提高实验课程的比重，例如每学期安排 15~20 个实验项目。还增加设计性和综合性实验的数量，比如“农产品中农药残留的检测与去除方法研究”，学生需要自己查阅资料、设计实验方案、选择检测方法和试剂，最后得出结论并提出去除农药残留的建议。在涉及“分析化学”的实验课程中，旧大纲可能仅包含简单的酸碱滴定、重量分析等验证性实验，新大纲则增加了“蔬菜中重金属含量的测定及风险评估”这样的综合性实验，学生需要自己采集蔬菜样品、进行前处理、选择合适的分析方法，并根据国家标准对测定结果进行风险评估。

在中期大纲改革中，还遇到了实验设备不足与老化等问题，随着实践教学的加强，学生参与实验的频率和规模可能增加，现有的实验设备数量可能无法满足需求。例如，一些大型仪器设备如分光光度计、色谱仪等可能数量有限，导致学生只能排队等待使用，影响教学进度和效果。部分老旧设备可能精度下降、故障频繁，维修成本高且难以保证实验数据的准确性，给实践教学带来困扰。扩大实践教学规模可能需要更大的实验场地，但在一些情况下，学校的实验室空间有限，难以容纳更多的学生同时进行实验，这可能导致实验安排拥挤，影响学生的操作空间和安全。场地限制还可能影响实验环境的改善，如通风、照明等条件难以达到理想状态，会对学生的实验体验和安全造成影响。

针对大纲改革中遇到的困难，在教学资源方面，积极争取更多经费投入，更新和补充实验设备，同时优化实验室布局，提高场地利用率；与企业合作共建实验室，引入先进设备和技术。在师资队伍方面，加强教师培训，提供实践机会，鼓励教师参与企业项目或科研活动以提升实践经验；招聘具有丰富实践经验的兼职教师，缓解师资短缺压力。在教学管理方面，建立严格的实验安全管理制度，加强安全教育和培训，提高师生安全意识；完善教学评价体系，综合考虑实验报告、操作技能、创新能力等多方面因素，激励学生积极参与实践教学。对于学生基础差异大的问题，实行分层教学，开设基础强化班和提高班；加强思想教育，提高学生对实践教学的重视程度，激发学生学习热情。新大纲还安排了“农产品保鲜包装材料的性能测试与优化”实验，学生需要综合运用物理化学知识，测试材料的透气性、透湿性等性能，并通过实验优化材料的配方和结构，以提高农产品的保鲜效果。

四、考核方式的改进

在早期旧大纲的考核中，平时成绩占30%，主要依据是实验报告的完成情况和考勤；期末考试成绩占70%，通常是一次集中的实验操作考试，给定一个固定的实验题目，学生在规定时间内完成操作并提交实验报告。新大纲的考核方式：平时成绩（50%）+项目考核（30%）+期末考核（20%）。其中，平时成绩（50%）包括：实验预习（10%），通过提问或小测验检查学生对实验原理、步骤的预习情况；实验操作(20%)，教师在实验过程中观察学生的操作规范、熟练程度和解决问题的能力；实验报告(10%)，重点考查数据处理、结果分析和讨论效果；课堂表现(10%)，如参与讨论、回答问题的积极性等。项目考核(30%)：学生分组完成一个与农业相关的实验项目，如“某地区土壤重金属污染的调查与治理方案设计”，根据项目的完成质量、创新性和团队协作进行打分。期末考核(20%)：采用抽签的方式，让学生选择一个实验进行现场操作，并回答与实验相关的理论问题。

在大纲中期改革中发现了一些困难：首先，传统考核方式根深蒂固，难以打破。教师和学生习惯了以实验报告和考试成绩为主的考核模式，对新的考核方式接受度不高。想要转变观念，让大家认识到多元化考核的重要性并非易事。其次，确定合理的考核指标有难度。新农科强调实践能力和创新思维，如何量化这些难以捉摸的能力成为难题。既要考虑实验操作技能，又要兼顾问题解决能力、团队协作等方面，平衡各指标权重困难重重。最后，实施新考核方式需要更多的资源和时间。例如，增加过程性考核意味着教师要投入更多精力进行观察和评价，这在教学资源有限的情况下是个挑战。

新大纲针对传统考核方式根深蒂固的问题，通过开展教师培训和学生宣讲会，详细介绍新考核方式的优势和对学生能力提升的重要性，逐步引导大家转变观念。同时，在过渡阶段适当保留部分传统考核内容，以减少师生抵触情绪。在确定合理考核指标方面，组织相关学科专家、教师和企业代表共同研讨，结合新农科要求和专业实际，明确各指标的具体内涵和权重。例如，提高实验过程中的问题解决能力和创新思维指标权重，通过观察学生在实验中的表现、提问互动等方式进行评价。面对资源和时间的挑战，可引入信息化手段辅助考核。利用视频记录学生实验过程，方便教师随时查看和评价。还可以组建学生互评小组，在培养团队协作能力的同时减轻教师负担。此外，还要争取让学校加大对教学资源的投入，为新考核方式的实施提供保障。

第四节 基础化学课程教学资源建设

一、教学团队建设

农科专业的基础化学课程教学主要由化学与材料科学学院(2019 年前为理学院，以下简称“化材院”)承担。这些年来，化材院持续致力于教师团队建设，不断引进省内外的优秀化学专业人才。截至 2024 年 7 月，承担基础化学课程的人员由原来的 12 人，发展到现在的 57 人。其中，教授 10 人，副教授 20 人，具有博士学位的 39 人。相关的师资力量日益雄厚，博士生导师 7 人，硕士生导师 33 人。教师队伍中拥有“神农学者”客座教授 5 人，湖南省“杰青”3 人、“优青”1 人，湖湘青年英才 2 人，湖南省“百人计划”(企业)1 人，芙蓉学者(青年计划)1 人，湖南省 121 人才工程人选 1 人，长沙市“3635”人才 2 人，湖南省青年骨干教师 5 人。其中有海外留学背景的教师 32 人，获得湖南省普通高校教师课堂教学竞赛奖一等奖 12 人、二等奖 28 人、三等奖 39 人，中华农业科教基金重点项目参与者 33 人。

此外，化材院经常举办各类学术活动和研讨会，邀请专家讲学，通过加强与其他高校和科研机构的联系与合作，拓宽专任教师的学术视野。化材院教学团队成功申请到多项国家级和省级教学改革项目，推动了化学教学方法的创新。任课教师团队发表了多篇高水平的教学研究论文，部分研究成果被其他高校借鉴和应用。通过团队的努力，化学系的毕业生在农业相关领域的就业竞争力明显增强，受到用人单位的广泛好评。

二、实验场地建设

2017 年，化材院由原来所在的第 3 教学楼搬迁至新建的第 15 教学楼，实验室占地由原来的 600 多平方米发展到 2000 余平方米，新增或迭代相关仪器设备 100 余台(套)，总价值 2000 余万元。实验室面积扩大，专业性增强。在新农科背景下，基础化学课程教学实验室的建设主要从以下几个方面着手：

第一，做好实验规划与设计。明确新的教学目标后，重新确定基础化学课程在新农科教育中的定位和目标，培养学生解决农业领域化学问题的能力。例如，对于农业资源与环境专业的学生，重点培养其土壤化学分析的技能。合理划分实验区、准备区、仪器存放区等功能区域。保证实验区有充足的通风和照明，如采用落地窗增加自然采光，安装通风设备保证空气流通。设立专门的安全通道和紧急出口，并确保标识清晰。配备消防器材，如灭火器、灭火沙等，并定期检查和维护。

第二，精选设备与仪器。对于常规仪器，购置基础化学实验常用的如天平、酸度计、分光光度计等仪器。以天平为例，选择精度符合实验要求的电子天平。对于专业特色仪器，要结合农业领域的需求配备相关的专业仪器，如农药残留检测仪、土壤养分分析仪等。比如，购置能够快速检测农产品中农药残留量的仪器，帮助学生了解农业化学检测的实际应用。在设备更新与维护方面，制订定期设备更新计划，以跟上教学和科研的发展建立。

第三，重点建设实验教学资源。编写或选用具有新农科特色的实验教材，融入与农业化学相关的实验案例。大力打造数字化资源，建设线上实验课程平台，提供实验视频、虚拟实验等资源。例如，开发虚拟实验室，让学生在虚拟环境中进行预实验，熟悉实验流程。利用信息技术，如虚拟现实(VR)、模拟软件等，增强实验教学的互动性和趣味性，提高学生的学习兴趣和学习效率。收集和整理与农业相关的化学标本和样品，如不同类型土壤的样本、农作物病虫害标本等，学生通过观察和分析这些标本和样品，可以加深对农业化学现象的理解。

第四，强化师资队伍建设。定期组织教师参加与新农科相关的培训和学术交流活动，提升教师的专业素养。例如，派教师参加农业化学领域的学术研讨会，了解前沿研究成果。鼓励不同学科背景的教师组成教学团队，共同开展教学和科研工作，如化学教师与农业学科教师合作，开发跨学科的实验项目。

第五，制定系统的管理制度。制定严格的实验室安全操作规程，要求学生和教师严格遵守，如在进行化学实验时，必须佩戴防护眼镜和手套。建立仪器设备的使用登记和预约制度，提高设备的使用效率，学生使用贵重仪器需要提前预约，并在使用后填写使用记录。实验废弃物处理制度上要规范实验废弃物的分类、收集和处理流程，确保环境安全，对于有毒有害的实验废弃物，必须按照相关规定交由专业机构处理。

总之，新农科背景下的基础化学课程教学实验室建设需要综合考虑多方面的因素，通过科学规划、合理配置资源、加强师资队伍建设和完善管理制度，为培养具有创新精神和实践能力的新农科人才提供有力支持。

三、教材建设

教材建设上，需要重新明确教材定位与目标，契合新农科需求。教材应紧密围绕新农科的发展方向，突出化学在农业领域的应用。例如无机及分析化学教材《无机及分析化学》出版后，2013 年 5 月由刘灿明、李辉勇主编，在原有基础上进一步更新补充完善，在中国农业出版社重新出版。有机化学教材《有机化学》，2015 年 3 月由杨建奎主编于化工出版社出版，2021 年由周智、李霞、蒋红梅修订后由化学工业出版社出版发行。

新版教材进一步优化教学内容，涵盖化学的基本概念、原理和方法，如化学热力学、化学动力学、有机化学和无机化学等基础知识。如《无机及分析化学》对化学平衡的原理进行系统讲解，为后续理解农业化学中的反应过程奠定了基础。教学的同时融入大量农业生产中的化学实例，如农作物生长过程中的营养元素转化、农产品的保鲜与加工中的化学变化等，又如详细分析水果在储存过程中发生的氧化反应，以及如何通过化学方法进行保鲜。教材中融入了最新的科研成果和行业动态，使学生能够紧跟时代发展的步伐。教材还强调化学在土壤改良、农产品质量检测、农药和化肥研发等方面的重要作用，激发了学生对农业绿色发展的关注和创新意识，推动了农业化学课程的绿色化改革。以土壤改良为例，教材中详细阐述了土壤化学性质的测定方法和改良技术。

《有机化学》及时纳入了最新的农业化学研究成果和技术，如新型农药的研发、绿色化学在农业中的应用等，并介绍了利用纳米技术提高农药的靶向性和降低环境危害的最新研究进展。此外，新版教材还丰富教材形式，设计丰富的图表、图片和示意图，帮助学生直观理解抽象的化学概念和复杂的实验过程；用清晰的流程图展示农产品化学检测的步骤和仪器使用方法；配套在线视频、动画演示、虚拟实验等多媒体资源，增强学习的趣味性和互动性；提供化学实验的视频演示，让学生可以在课前预习和课后复习；纳入农业化学领域的前沿文献、科普文章等，拓宽学生的知识面和视野；推荐学生阅读关于新型生物肥料研发的科普文章，激发学生的兴趣。

四、数字教学资源建设

以前的数字教学资源教学课件较为简单，多以文字和图片为主，缺乏动态演示和交互性，在线课程资源有限，可能只有少量的教学视频，且画质和讲解效果一般。新的数字教学资源开发了交互式的教学课件，融入了动画、视频和模拟实验等元素，如在讲解化学反应速率的概念时，通过动画展示分子碰撞和反应的过程，学生能更直观地理解。搭建了丰富的在线课程平台，包含高清的教学视频、在线直播课程和互动讨论区，像"有机化学"的在线课程，学生可以随时观看视频，并在讨论区与教师和同学交流问题。完善了智能题库系统，不仅有选择题、填空题、简答题等多种题型，还能根据学生的答题情况进行个性化推送和错题分析。建立了虚拟实验室，学生可以在虚拟环境中进行化学实验的模拟操作，如"分析化学"实验中的仪器使用和样品分析，降低了实验风险，提高了实验预习效果。以"基础化学"课程为例，之前的在线教学资源只有教师录制的简单讲解视频，现在则拥有了一个包含丰富多媒体资料、互动练习和在线辅导的综合性教学平台。学生可以通过平台进行虚拟实验，模拟土壤成分分析的全过程，包括样品采集、试剂选择、实验操作和数据处理，极大地增强了学生的学习兴趣和实践能力。

第五节　基础化学课程教学运行管理

一、任课教师遴选与排课

针对任课教师的遴选新设定了以下标准：具备扎实的基础化学专业知识，拥有相关学科的学位背景；具有丰富的教学经验和良好的教学口碑，能够熟练运用多种教学方法；有一定的科研成果，能够将科研前沿知识融入教学中，例如，要求教师具有博士学位，且在基础化学领域发表过高水平的科研论文；优先选择具有化学与农业交叉学科背景的候选人，例如曾从事农业化学、生物化学、环境化学等相关研究或教学工作的人；重视农业实践经历，了解候选人是否有参与农业生产实践、农业科研项目或在农业相关企业工作的经历，这将有助于他们在教学中更好地将化学知识与农业应用相结合。还要考察教学方法与农业案例的融合能力，看候选人能否将农业生产中的实际案例引入基础化学教学，例如土壤肥力分析、农产品质量检测中的化学原理等，以提高学生的学习兴趣和解决实际问题的能力。在项目式教学经验上，关注其是否有组织学生开展与农业相关的化学实验项目或课程设计的经验，以培养学生的综合实践能力。

排课原则上充分考虑教师的专业特长和教学经验，合理分配教学任务，遵循学生的学习规律，避免课程安排过于集中或分散；兼顾教学资源的利用效率，确保实验室、教室等设施的充分利用。排课流程上收集教师的授课意向和可用时间，然后根据课程设置和学生人数，制定初步的排课方案，与教师和相关部门沟通协调，对排课方案进行调整和优化，最终确定排课方案，并及时向师生公布。

二、课堂教学改革与推介

在新农科背景的宏大画卷下，基础化学课程教学运行管理的教学改革开展得如火如荼。关于方法改革和模式改革的项目层出不穷，在方法改革方面，诸如引入先进的实验技术、运用虚拟仿真教学手段等项目不断涌现，旨在让学生更直观、深入地理解化学原理。例如，通过构建虚拟化学实验室，学生可以在虚拟环境中进行各种复杂的化学实验，突破了时间和空间的限制。而在模式改革方面，像开展小组合作学习、实施项目式教学等项目也日益增多，强调培养学生的实践能力和创新思维。新农科背景为基础化学课程教学运行管理的教学改革注入了强大动力。在方法改革和模式改革领域，众多项目纷纷落地。比如：在分析化学实验“磺基水杨酸铁配位数和稳定常数的测定实验”中，教师针对实验中的关键点设计预习思考题，如“等摩尔系列法测定配位数时，当中心离子与配体的物质的量之比分别为1∶1、1∶2、1∶3、1∶4时，在吸光度-组成图中的吸光度最大值对应的横坐标(物质的量分数)分别是多少?”“光度法测定的最佳波长应如何选择?若在其他波长下测定，对实验结果有何影响?”等，让学生在预习阶段通过解决问题来学习隐含在问题背后的科学知识，培养其自主学习能力和创新能力。方法改革的项目致力于提升教学的精准性和高效性，比如采用个性化教学方法，根据学生的不同学习进度和特点制订专属学习计划。模式改革的项目则聚焦于创新教学的组织形式，例如推行线上线下混合式教学模式，将课堂教学与网络教学资源有机结合。以湖南农业大学的基础化学课程为例，其开展了基于移动终端的实时互动教学项目，大大提高了学生的参与度和学习效果。

同时，化材院推出了一系列教学改革研究，如由周智主持的“高等农业院校开设‘科技论文写作’专业课程的创新与实践”（湘农教发〔2016〕79 号），周南主持的“研讨教学模式在高等农业院校‘文献检索’课程中的实践与推广”（湘农教发〔2016〕79 号），杨建奎主持的“农业院校化学专业教学实习校企合作模式研究与实践”（湘教通〔2013〕223 号），李辉勇主持的“高等农业院校化学类课程考试模式的创新和实践”（湘教通〔2015〕291 号）等。构建“‘三联四全’化学类本科人才培养模式的研究与实践”（周智、周南、卢向阳、李辉勇、杨建奎）获得校教学成果奖一等奖。

三、教学质量评价与考核

综合学生评教、教学督导评价、同行评价等结果，对教师的教学质量进行全面评价，例如，学生评教占 50%，教学督导评价占 30%，同行评价占 20%。设置教学质量考核指标，设定教学工作量、教学效果、教学改革成果等方面的考核指标，如规定教师每学期的教学工作量不少于多少课时，学生考试成绩的优秀率达到多少等。运用考核结果，将教学质量考核结果与教师的职称评定、绩效奖励、岗位晋升等挂钩，对教学质量优秀的教师给予表彰和奖励，对教学质量不达标的教师进行帮扶和改进。

四、学科竞赛组织及成效

组织校内基础化学实验技能竞赛，提高学生的实践操作能力，选拔学生参加省级、国家级的基础化学学科竞赛。安排专业教师对参赛学生进行培训，指导学生制定竞赛方案。组织模拟竞赛，让学生熟悉竞赛流程和规则，以竞赛成效评估统计参赛学生的获奖情况，评估竞赛对学生学习积极性和创新能力的提升效果，分析竞赛对教学改革和课程建设的促进作用。结束后总结学科竞赛的组织经验和参赛经验，在全校范围内进行推广，建立学科竞赛成果展示平台，激励更多学生参与竞赛，组织参赛学生和指导教师进行总结交流，分享成功经验和不足之处，例如，讨论在竞赛准备过程中哪些训练方法效果显著，哪些需要改进。将竞赛中的优秀案例和经验在全校范围内宣传，激发更多学生的兴趣。举办经验分享会，让参赛学生向其他同学介绍竞赛收获。与兄弟院校交流竞赛组织和培训经验，互相学习借鉴。参加相关的教学研讨会，分享本校的做法，同时了解其他院校的创新举措。

通过以上全面的组织和评估，学科竞赛能够在激发学生学习兴趣、提高教学质量、提升学校声誉等方面发挥显著成效，并为化学学科的发展注入持续的动力。

第四章
基础化学理论课程教学改革实践

农科专业的基础化学课程分为独立开设的理论课和实验课两部分，本章主要讨论农科专业基础化学理论课在教学改革实践方面的内容。

第一节 课程思政实践探索

一、课程思政的重要性

（一）课程思政教育的重要性

中国，这个拥有着 14 亿人口的庞大国家，其国民经济的发展离不开农业的支持。农业，作为国民经济的基础，关系到国家的粮食安全以及整个国家的经济稳定和发展，其重要性不言而喻。农业的发展状况直接影响着国家的经济发展状况和人民的生活质量，农业发展始终是国家经济发展战略中的重要组成部分。农业与农村的现代化是确保我国农业持续发展的根本途径。农业现代化指的是通过科学技术的进步、生产方式的改进、管理水平的提升，使得农业生产效率和产品质量得到显著提高，同时保护农业生态环境，实现农业的可持续发展。农村现代化则涉及农村基础设施的完善、社会服务的优化、居民生活质量的提高以及乡风文明的促进等方面，它与农业现代化相辅相成，共同构成了乡村振兴的基石。实现农业农村现代化，不仅需要提高农产品的产量和市场竞争力，更要注重农业结构的优化升级，发展现代农业体系。这意味着要推动农业由传统的依赖资源消耗型向资源节约型、环境友好型转变，推进农业科技创新，推广高效农业技术，提升农业机械化水平，从而实现农业生产过程的自动化和智能化。同时，农村现代化也至关重要。其不仅包括农村基础设施的建设，如道路、供水、供电等，还包括农村社会服务体系的完善，如教育、医疗、文化等公共服务水平的提升。农村居民生活质量的提高，不仅体现为物质生活条件的改善，还体现为精神文化生活水平的提升，以及乡风文明的进步。

实现这些目标，需要依赖那些既具备深厚的农业专业知识，又拥有广阔视野和创新能力的复合型卓越农业人才。这些人才不仅需要精通农学、植物学、动物科学等基础学科知识，还要了解农业经济、农业管理、农业政策等与之相关的领域知识。他们应当能够在传统农业和现代农业技术之间架起桥梁，将先进的科技成果引入农业生产，提高农产品的产量和质量，同时保护生态环境，确保农业的可持续发展。此外，这些农业人才还需要具备优秀的沟通能力和领导能力，能够在全球化的大背景下，推动农业领域的国际合作与交流，提升我国农业的国际竞争力。培养和吸引复合型的卓越农业人才，对于我国农业的发展至关重要。

涉农高校作为农林类专业人才培养的最重要基地，培养学生“农为邦本，本固邦宁”的“大国三农”情怀、强农兴农责任和担当农业强国使命，是新农科建设对知农爱农创新人才培养的新要求。

2016年，习近平总书记在全国高校思想政治工作会议上发表了重要讲话，其中着重提出：“高校思想政治工作关系高校培养什么样的人、如何培养人以及为谁培养人这个根本问题。要坚持把立德树人作为中心环节，把思想政治工作贯穿教育教学全过程，实现全程育人、全方位育人，努力开创我国高等教育事业发展新局面。”习近平同志的重要论述不仅指明了思政课程的重要地位和发展方向，同时也指明了课程思政和思政课程同向同行、相得益彰、协同建设的根本方向。2020年5月，教育部印发《高等学校课程思政建设指导纲要》，其中明确指出：课程思政建设要根据学校发展定位和专业人才培养目标要求，结合不同课程特点、思维方法和价值理念，深入挖掘课程思政元素，有机融入课程教学，达到润物无声的育人效果，实现育人和育才的统一。由此确定了全面推进课程思政建设是落实立德树人根本任务的战略举措，其对各类课程思政进行了统筹规划和具体指导。

全面深化和推进农业类高等院校的课程思想政治建设，最大限度地发挥每门课程在人才培养中的思想政治教育功能，确保这些课程与专门的思政课程在价值引领和目标指向上相互支持、协同并进，共同致力于打造一个农业领域人才培养的全面、全过程、全方位立德树人教育大格局，这一战略性的举措是将立德树人的根本教育任务具体化、实践化的表现。通过这样的方式，我们不仅能够提升农业类高校教育质量，培养出更多德才兼备的农业领域人才，还能确保社会主义核心价值观在高等教育领域的深入实施，为实现我国农业现代化和乡村振兴战略提供坚强的人才支持和智力保障。

（二）基础化学理论课程思政教育的重要性

大学基础化学课程是高等农业院校农学、作物学、园林、园艺、动物科学、动物医学、植保、食品科学与工程等涉农专业最为重要的基础课程之一，其理论知识极为丰富，实践性很强，主要包括无机化学、有机化学、物理化学、分析化学等基本理论，又涉及生物化学、胶体化学、食品化学等专业知识。同时，化学类基础课程对学生专业课程的学习具有重要的指导作用，化学知识的主要内容就是在分子和原子水平上认识和理解物质世界的基本规律，这些规律是人类发展过程中不同时期科学研究的前沿成果。化学的发展和进步展现了科学研究的自主创新规律和逻辑思维特点，在化学基础课程教学中，“重现”科学规律的演化，探寻科学观念的含义和自主创新方式的特点，将化学基础知识延伸到专业课程知识，对学生科学素养的培养、创新能力的提升具有重要作用。

大学化学基础课程作为涉农专业的公共基础课程，以湖南农业大学为例，每年有30多个涉农专业近万名学生参与修习课程，是农业类院校建设“新农科”和国家一流专业的重要支撑。在覆盖广泛学生群体的化学基础课程教学中，融合思想政治教育，无疑能够为学生创造一个充满对农业的热爱和对农村的关心的良好环境，这是培育具有深厚农业情感和专业知识的热爱农业人才的一种极为有效的手段。首先，在化学基础课程中融入思政教育，能够有效地帮助学生树立起正确的世界观和价值观，这是培养学生对农业的热爱和关心的基础。通过这样的方式，学生可以在学习化学知识的同时，深刻理解农业的重要性，以及自己在农业发展和农村建设中所能扮演的角色。这样的教育方式，可以极大地激发学生为农业发展和农村建设做出贡献的热情，让他们在学习化学的过程中，也能够培养出对农业的深厚感情。其次，在化学基础课程中融入思政教育，学生不仅能够学习到化学知识，更能在学习过程中自然地接收到对农民辛勤劳动的尊重、对农业发展重要性的认识，以及对我国农业科技进步的鼓励，从而在心灵深处播下热爱农业的种子，立下将来为农业现代化贡献力量的意愿和志向。这种融合教学，有助于学生形成正确价值观，强化社会责任感和使命感，立志成为既有专业能力又有良好思想品德的高素质人才。因此，将思政教育融入化学基础课程，是培养新时代农业人才的重要手段。

二、课程思政问题探究

化学，这门深入人心的基础科学，其内容之丰富、应用之广泛，几乎渗透到了我们生活的每一个领域，尤其是在农林领域中，化学知识更是不可或缺。然而，在我们传统的大学基础化学教学中，常常出现一种倾向，那就是过分强调理论知识的系统构建，而相对忽略了化学知识在农林专业领域的实际应用价值。这种教学模式虽然能够为学生打下坚实的化学理论基础，但却并不能很好地满足农林专业学生对于化学知识实际应用的需求。

当学生们在这种教学模式下学习基础化学课程时，他们往往只能机械地记忆和掌握化学知识，而无法真正地理解和运用这些知识去解决农林专业中的实际问题。这无疑限制了他们运用自然科学知识解决专业问题的能力，也限制了他们对当前农科发展的现状和趋势的更深入的了解，更别提认识到新农科的重要作用和当前建设的新要求了，这种情况无疑会严重影响学生的学习积极性，削弱他们的学习责任感和使命感。

因此，我们需要对现有的基础化学教学进行改革，使之更加符合农业大学学生的实际需求，让学生在学习化学知识的同时，也能够理解和掌握这些知识在农林领域的应用，从而更好地激发他们的学习兴趣，提高他们的学习积极性，培养他们运用化学知识解决农业专业问题的能力，使他们真正能够适应新农科的发展要求，为我国的农林科技发展做出更大的贡献。

(一)基础化学理论课程思政存在的问题

通过问卷调查与访谈的方式进行了相关课程思政育人现状调查，发现部分高校的化学基础课程教学在一定程度上存在思政育人程度浅等问题，其主要原因在于以下三个方面：

(1)教师对课程思政的认识不足。

我国的传统教育一直以来都秉持着修身立德的核心理念，不断倡导和弘扬“修身齐家治国平天下”的重要使命和责任感。在这种教育理念的指导下，我们国家的教育体系始终注重对学生进行全面的道德教育和品格塑造，力求通过学校教育这个重要平台，对学生进行正确的价值观引导，促进他们在道德品质上的健康发展。与此同时，西方国家也对公民的社会化问题给予了高度关注，他们通过实施品格教育、道德教育和公民教育，来培养学生正确的道德观念和社会责任感。这些国家同样重视学校在引导学生道德发展方面的作用，努力通过教育手段，培养出具有良好道德品质的公民。在我国，教育工作者经过多年的深入探索和研究，对于课程思政的内涵和实施方法，已经有了较为统一的认识和理解。课程思政的核心目标，就是将思想政治教育巧妙地融入所有课程中，让学生在不知不觉中接受正确的思想意识和行为举止的熏陶，从而引导学生成长为有理想、有道德、有文化、有纪律的国家栋梁。课程思政的实施，旨在知识传授和能力培养的过程中，引导学生增强对我国政治制度的认同，积极传承和弘扬我国的优秀传统文化，激发他们为国家和民族的繁荣振兴而努力奋斗的热情。然而，课程思政由于具有鲜明的政治属性，导致部分教师认为，思政教育只是思政课教师、辅导员或班主任的责任，与自己无关。在笔者回收的问卷调查中，针对“你对课程思政的概念了解程度如何”这一问题，选择“比较熟悉”的教师仅有39%，而选择“了解一点，但不是很明了”的教师高达51%，甚至还有10%的教师选择“基本不了解”。这一数据充分暴露出，课程思政教学改革在各专业课程或基础课程中推进缓慢的主要问题，就是部分教师对课程思政的认识和理解严重不足。因此，如何让这61%的教师能够“比较熟悉”课程思政，已经成为我国打造“三全育人”局面的关键课题。我们需要通过各种形式的培训和研讨，提高教师对课程思政的认识和理解，让他们能够更好地将思政教育融入日常教学，为培养我国未来的优秀人才贡献力量。

(2)教师对课程思政的理解不够。

普遍的观点认为，课程思政的主要依托是课程内容本身。实施课程思政的深层次目的是通过深度发掘课程内容中包含的思想政治教育元素，实现对学生思想观念的塑造、价值观的引领以及综合素质的提高。因此，在课程思政的实践与探索过程中，首要任务是引导学生从课程相关的历史发展、实践应用和知识体系中吸取那些充满科学思想、工匠精神、家国情怀、文明意识和人生哲理的元素精华，并把这些元素巧妙地融入课程教学之中。然而，在实际操作过程中，一些教师对于课程思政的理解显得较为片面，他们往往只关注到那些显性的思政教育元素，而忽视了对隐性思政教育元素的挖掘，因此，他们常常觉得缺乏足够的内容来支持课程思政的有效进行。前期调查发现，很多教师更倾向于认同像侯德榜励志报国故事这样的显性思政教育元素，而对于那些涵盖职业操守、科技创新精神和工匠精神等更为广泛的思政教育元素的内容则认同度明显较低。这种对课程思政内容理解上的局限性，已经成为制约高校化学基础课程有效进行思想政治教育建设的障碍。

(3)教师在课程思政上的投入不够。

教育工作者在对课程思想政治教育的认识和理解上存在的局限性，不可避免地会影响到他们在实际推行课程思政教育过程中的投入程度。这是因为他们可能没有充分认识到课程思政的重要性，从而在实际的教学过程中可能不会投入足够的精力。高等学府中的教师在育人课程上投入不足的另一个重要原因，就是他们在日常工作中，对于教学任务的投入本就不足。他们在面对教学和科研的双重任务时，往往会选择对个人更为有益的科研任务，进而将主要的精力和时间投入到科研工作中。因此，我们面临的重要问题之一，就是如何去激励高等学府的教师，让他们在教学工作中投入更多的精力和时间，同时如何帮助他们突破在课程思政认识和理解上的局限性，这是推动课程思政教育发展的重要课题。

(二)基础化学理论课程思政改进建议

想要显著提高高等院校化学基础课程在思想政治教育方面的培养质量，关键在于构建一支不仅在学术领域有所建树，而且具备强烈育人意识，并在思想政治教育方面拥有较高能力的教师团队。为了达到这一目标，我们可以从以下三个重要维度着手：首先是解放思想，这意味着要鼓励教师跳出传统教学模式的框架，拥抱创新思维，积极探索将思政元素自然融入化学教学的新方法和新途径；其次是科研反哺，即鼓励教师将科研成果转化为教学内容，以此来激励学生追求真知，培养他们的社会责任感；最后是制度推动，通过制定和实施相关政策，为教师提供思政育人的明确指导和必要的资源支持，同时建立激励机制，表彰在思政育人方面取得显著成绩的教师，以此提高他们参与思政教育的积极性和主动性。通过这三方面的共同努力，我们有望在化学基础课程中实现思想政治教育的全面提升，培养出既有深厚学术功底又有良好思想品德的新时代人才。

(1)解放思想——加深教师对课程思政的认识和理解。

为了提升教师在课程中融入思想政治教育的能力和意愿，必须首先从思想上进行解放，使教师的思想政治教育理念能够得到全面扩展和深化。这种理念不应再仅仅局限于政治认同和家国情怀，而是应该扩展到更为广泛的教育领域，包括但不限于人文素养、职业道德、创新与科学精神等多元化的课程思政教育元素。为了实现这一目标，高校教师首先需要坚定不移地树立自己的理想信念，并以此为指导，积极投身于培养符合国家需求的全能型人才的事业中。这些人才不仅需要具备丰富的知识储备，而且应当是德、智、体、美、劳全面发展的社会主义建设者和未来的接班人。同时，教师也应当不断加强自身的个人修养，深化对课程思政教育本质的理解和认识，这可以通过参与各种课程思政相关的培训、研讨、公开课等活动来实现。通过这些活动，教师不仅能够了解到同行们在课程思政教育领域的最新理念和做法，还能够有效地提升自己在这一领域的教学能力和水平。特别是对于化学基础课程的教师来说，他们需要在坚定自己的理想信念的同时，将课程中具有教育价值的思想政治元素进行有机整合，并合理地融入教学过程。这样，他们才能够更好地利用这些元素，为学生提供更为全面和深入的思想政治教育。

(2)科研反哺——增强教师的思政育人能力与意愿。

化学，这门源远流长的学科，其发展速度之快令人瞠目结舌，其应用范围之广令人惊叹不已。为了充分发挥化学基础课程在思想政治教育中的重要作用，我们必须要求相关教师不断地更新他们的专业知识，深入理解化学的应用特性。只有那些有能力成为学生专业领路人的教师，才能让学生心悦诚服，进而将专业上的信服转化为思想政治理念上的认同。因此，化学教师应当积极主动地投身于科研活动，他们不仅要成为基础研究的探索者，还要成为推动化学应用的驱动力；不仅应积极申请和承担纵向科研项目，还应该深入企业，积极参与校企合作的事务，不断提升自己的专业水平和应用能力。高校教师的教学工作和科研探索并非水火不容，相反，它们是相辅相成、相互促进的。只有那些在科研工作中不断成长的教师，才能拥有广阔的思想政治教育视野，才能在课程思想政治教育的潮流中站在最前沿。

(3)制度推动——确保教师有积极主动开展课程思政育人探索的动力。

在当前的教育环境中，我们发现有些教师在课程思政育人方面的投入并不充分，这种现象的存在，无疑对高校课程思政育人的效果产生了一定的影响。为了改变这一现状，我们需要建立一套科学合理的制度，以此来推动高校课程思政育人的深入探索和实践。以厦门理工学院为例，为了推动课程思政教学改革，他们首先成立了“厦门理工学院课程思政研究与实践中心”，这是一个专门研究课程思政育人理论和实践的机构，旨在提升教师对课程思政的认识和理解。随后，厦门理工学院又出台了《厦门理工学院课程思政实施方案(试行)》，在这个方案中，他们提出了实施课程思政的“三个五”计划，具体包括：“五个一”工程，即一门课程、一个案例、一个讲座、一个研讨会和一个研究报告；“五个结合”原则，即将思政教育与课程教学相结合、与教师队伍建设相结合、与学生成长相结合、与教学评价相结合、与教学研究相结合；“五个到位”要求，即认识到位、内容到位、方法到位、评价到位、保障到位。这些计划的实施，旨在构建起一套完善的课程思政建设保障体系、科学的课程思政建设教学体系以及合理的课程思政建设评价体系。通过这一系列的措施，厦门理工学院有效地激发了教师进行课程思政改革的动力，使得课程思政育人工作取得了显著的成效。然而，我们也需要注意到，只有在教学压力和科研压力适度、宽松的情况下，教师才会愿意将更多的时间和精力投入到教学工作中。因此，要想通过制度来增强教师开展课程思政育人探索的意愿，最关键的就是要确保相关制度的科学性和合理性。总的来说，建立科学合理的制度以推动高校课程思政育人探索，不仅能够提升教师的积极性，还能提高课程思政育人的效果，这对于我国高校教育的发展具有重要意义。

(4)资源共享——打破课程思政育人的信息壁垒。

在推进课程思政育人的过程中，我们同样不能忽视资源共享的重要性。虽然各高校都在积极探索课程思政育人的新路径，但由于各种因素的影响，信息交流和资源共享仍然存在一定的壁垒。因此，我们需要构建一个开放、共享的课程思政育人资源平台，以促进各高校之间的信息交流与合作。首先，我们可以建立一个全校性的课程思政育人资源共享平台，该平台可以汇集各位老师在课程思政育人方面的优秀案例、教学资源、研究成果等，供全校教师参考和学习。同时，平台还可以提供课程思政育人的相关政策、文件、指导意见等，以便教师及时了解和掌握最新的课程思政育人动态。其次，我们可以在省内各高校之间开展课程思政育人的合作与交流活动。例如，可以组织跨校区的课程思政育人研讨会、交流会等，让不同学校的教师有机会面对面地交流经验和心得。此外，还可以开展课程思政育人的联合研究项目，共同研究课程思政育人的新理论、新方法，以推动课程思政育人的深入发展。最后，我们还需要加强课程思政育人资源的整合与优化。通过对课程思政育人资源的梳理和分类，我们可以更好地满足不同教师、不同学科的需求。同时，我们还可以根据学科特点和教学需求，开发具有针对性的课程思政育人教材和教学资源，以提高教学效果和教学质量。通过资源共享和合作交流，我们可以打破课程思政育人的信息壁垒，促进各高校之间的互相学习和借鉴。这不仅有助于提升教师的专业素养和教学能力，还能推动课程思政育人的创新和发展，为我国高校教育的发展注入新的活力。

三、课程思政实践举措

（一）重新定位基础化学理论课程的教学目标

与传统的教学模式相比，课程思政改革首先需要积极响应我国教育部在大学生中加强思政教育的号召，重新对课程目标进行深入定位。我们明确提出了课程教学目标和思政建设目标，并在教学中始终坚持将基础知识的精确传授、专业能力的有效培养与思想价值的正确引领恰当自然地融合在一起。我们的目标是培养出既具备扎实的专业知识，又拥有坚定的理想信念，同时还具备崇高的道德品质和良好综合素养的合格大学生。我们致力于为社会输送既有专业技能，又有良好思想道德素质，既懂得如何运用专业知识服务社会，又懂得如何正确处理社会问题，积极参与国家建设和发展的高素质人才。

在综合能力和素养的培养上，我们深入融合了大学基础化学课程的核心要素，以及它在农学领域中所扮演的基石作用，致力于全方位提升学生们的观察力和思考力，同时培育他们敢于在实践中摸索和尝试的精神。我们教授学生们如何有效地运用化学的基础知识和科学的研究方法，以便在面对实际问题时，能够游刃有余地提出合理的解决方案。我们还强调理论与实践的结合，让学生们在理解化学原理的同时，也能在实际操作中加深对知识点的认识和运用，从而提高他们解决现实问题的能力。

在道德品质方面，我们不仅仅局限于教授化学知识本身，而且致力于将社会主义核心价值观和中国优秀传统文化教育深入融合其中。我们旨在通过对学生进行农学意识、环保意识、人文情怀、工程伦理、工匠精神等方面的教育，全面提升他们的道德素养和人文素养。我们强调农学意识的重要性，旨在培养学生对农业科学的热爱和尊重，使他们理解农业对于国家和社会的重要性，从而激发他们为农业发展和农村建设做出贡献的热情。同时，我们也注重环保意识的培养，让学生明白保护环境、珍惜资源的重要性，引导他们积极参与环保行动，为建设美丽中国贡献自己的力量。此外，我们还注重培养人文情怀，让学生深入了解中国优秀传统文化，传承中华文明，弘扬民族精神。这主要通过教授历史、文学、哲学等人文学科，培养学生的人文素养，使他们具备正确的人生观、价值观和世界观。在工程伦理方面，我们强调工程师的责任和使命，让学生明白工程实践中的道德规范和伦理原则的重要性，培养他们拥有良好的职业操守和社会责任感。同时，我们也注重工匠精神的教育，让学生追求卓越、精益求精，培养他们在专业领域的精湛技艺和创新能力。

在坚定理想信念方面，我们始终专注于培育学生实事求是的精神，始终强调从实际出发，坚持理论联系实际的原则。我们鼓励学生深入实践，通过亲身经历和实际操作来不断加深对科学知识的理解。同时，我们努力培养学生的创新思维，激发他们勇于探索未知的精神，鼓励他们在科学研究的道路上勇攀一个又一个高峰，敢于在科学领域进行创新实践。此外，我们还着重培养学生的爱国情怀，引导他们深刻认识祖国的重要性，激发他们为实现中华民族的伟大复兴，也就是实现中国梦，而不懈努力、持续奋斗的精神。我们相信，通过这样的培养，学生必然能够在科学道路上不断前进，为祖国的繁荣和发展做出重要贡献。

通过这些方面的教育，我们旨在培养德才兼备、富有创新精神和实践能力的人才，为国家的发展和社会的进步贡献力量。

(二)充分挖掘新农科理念中的德育内涵和元素

在当前倡导立德树人的教育大背景下，我们应当全面而深入地挖掘“新农科”背景下课程中所蕴含的德育内涵和元素，精心做好教学设计工作，确保思想政治教育元素能够贯穿教学的整个过程，让学生在学习自然科学知识的同时，也能够自然而然地接受思政教育的熏陶，从而使得专业教育与思政教育能够有机地融合在一起，而不是相互孤立，形成“两张皮”的现象。通过这样的教学方式，学生在学习专业知识的同时，也能够在思想上、道德上得到提升，最终培养出既有专业素养，又有良好思想道德品质的复合型人才。具体体现在以下几个方面：

首先，可以将化学知识与农学实际问题紧密结合。在教学过程中，我们应该引导学生将化学知识应用于农学实际问题的解决之中。例如，在讲解缓冲溶液的相关内容时，我们可以引导学生通过查阅资料、文献等方式，深入了解缓冲溶液在无土栽培中的关键作用，探讨如何有效利用缓冲溶液进行无土栽培，以满足全国各地人民对新鲜蔬菜的需求，如此，不仅能提供新鲜的农产品，还能够缓解我国土地资源紧张的问题。这样的教学方式，无疑能够激发学生的学习积极性和爱国情怀。同样，在学习“沉淀溶解平衡”这一部分时，我们应该向学生介绍我国当前面临的“镉污染”现状，学习通过沉淀反应去除镉离子的技术方法。这样，学生不仅能够理解理论知识，还能够了解其在实际问题中的应用。此外，我们还可以拓展到袁隆平院士所培育的“去镉水稻”这一杰出成果。通过介绍这一光辉事迹，我们可以激发学生的科学热情，鼓励他们勤于观察、勇于探索、持之以恒，培养他们的科学精神，增强他们为农学发展贡献力量的责任感。总的来说，我们需要在教学过程中，将化学知识与农学实际问题紧密结合，引导学生将理论知识应用于实际问题的解决之中。通过这样的教学方式，我们不仅能够提高学生的学习积极性，还能够培养他们的科学精神，增强他们为农学发展贡献力量的责任感，从而为我国“新农科”的发展贡献智慧和力量。

其次，在化学教育的进程中，我们致力于将哲学思想融入其中，以引导学生形成坚实且正确的世界观。

回顾化学的发展历程，无论是分子模型的提出与原子发现的历程，还是“燃素”理论向氧气发现的转变，均深刻展现了哲学思想与化学进步的紧密交织。在“大学基础化学”的教授中，我们深入挖掘并传授了其中的哲学内涵，尤其是发展的观点。人们对于事物的理解，往往随着知识的累积与对外界认知的深化而不断演变。以化学中最为基础的概念——酸和碱为例，其定义和理解在不同的历史阶段呈现出不同的形态，伴随着科学的进步和学习者知识体系的拓展而不断完善与深化。人生亦是如此，它是一个持续发展、不断学习与自我成长的过程。我们鼓励学生秉持唯物辩证法的发展变化观念，勇于追求创新与变革，面对困难时保持勇往直前的精神。此外，我们也强调了量变与质变的观点。任何事物的发展，均始于微小的量变，而质变则是量变积累到一定程度后的必然结果。在化学实验中，如酸碱滴定，当滴定尚未达到终点时，仅仅加入极微量的碱(酸)就能引起 pH 的显著变化，这即是量变累积至一定程度后引起的质变。通过类似实验，我们鼓励学生无论在学习还是生活中，都要秉持这种脚踏实地、锲而不舍的精神，正如古人所言：合抱之木，生于毫末；九层之台，起于垒土；千里之行，始于足下。

最后，我们重点强调爱国主义教育的重要性，目的是加深学生的民族自尊心和责任感。这样的举措不仅与立德树人的基本任务要求相符合，而且在培养学生核心素养和提高学习动力方面发挥着至关重要的作用。在化学课程的教学过程中，我们可以发现爱国主义教育的素材和资源是如此丰富多彩。例如，当我们学习肼类化学性质的时候，可以联系它在航天事业中作为火箭推进剂所发挥的巨大作用，通过这样的对比，我们可以清晰地看到旧中国与新中国在航天领域的巨大进步。现如今，我国不仅实现了古人梦想的嫦娥奔月，而且已经成为世界航天领域的强国，与旧中国的落后和贫穷形成了鲜明的对比，这充分展现了我国物质和精神生活的巨大飞跃。除此之外，在学习过渡金属的时候，我们可以向学生介绍稀土元素的重要性以及徐光宪院士对中国稀土事业发展所做出的卓越贡献。徐光宪院士被誉为“稀土界的袁隆平”，他三次改变研究方向，致力于研发稀土回流串级萃取技术，成功打破国际垄断，终结了中国稀土出口的“贱卖命运”，推动了稀土产业的合理竞争。通过这样的教学方式，学生能够深刻地认识到祖国强大和学习化学知识的重要性，从而增强他们的民族自豪感，激发他们学习化学的积极动力，提高他们的整体学习热情。

(三)拓宽基础化学理论课程的教学方式和途径

作为高等教育体系中不可或缺的基础课程，大学基础化学承担着多重教育使命，需要积极将思想政治教育内容巧妙地融入化学教学的各个环节。这种融合不是简单的叠加，除了深入挖掘化学学科中所蕴含的自然科学与哲学素养，如化学反应中的变化与平衡、物质与能量的转换等，引导学生从中领悟科学精神和哲学智慧外，还需注重培养学生的理科素质与农学素养，通过具体案例分析，使学生们理解化学在农业发展、食品安全以及生态环境保护和建设中的重要作用，鼓励学生们将化学知识应用于服务社会、造福人类的实践中，从而激发他们的社会责任感和奉献精神。

为了实现这一系列教育目标，大学基础化学教学团队采用了多元化的教学方法和手段，如翻转课堂、案例教学、小组讨论等，并充分利用现代信息技术，如在线学习平台、虚拟实验室等资源，为学生提供更加生动、直观的学习体验。这些创新的教学模式拓宽与实践，有效增强了课程的思想政治教育功能，实现了知识传授与价值引领的有机结合，进而确保了课程思政的实质性成效。

（1）课堂思政为主。课堂教学无疑构成了教育工作的核心领域，它不仅是学生汲取知识的源泉，更是学生能力素质提升的重要路径。在这个基础上，课堂思想政治教育便显得尤为关键，它是推动思想政治教育改革的关键环节。教师在进行理论教学时，应当巧妙地将专业课程与思想政治教育相结合，重视理论与实践的有机联系，针对学生实际需求，不断地优化和充实课堂思政教育的内容。在具体的课堂教学实践中，教师可以通过介绍化学学科的发展历程和科技前沿成果，尤其是中国在化学领域的一系列突破性成就，例如侯氏制碱法、人工牛胰岛素的合成、甾体激素的合成、青蒿素的全合成及立体化学、稀土催化剂定向聚合等（这些成果在世界上处于领先地位），极大地提升学生的自信心和民族自豪感，进而激发他们的学习兴趣，培养他们深厚的爱国情怀，让他们以学好知识来报效祖国，为实现中华民族的伟大复兴贡献自己的一份力量。同时，教师还应当在教学中贯彻道德教育，将化学学科中的规律、定理与生活中的哲理、道德相结合，让学生在掌握知识的同时，也能接受思政教育的熏陶。教师可以通过课堂讲授、小组讨论、情境教学和现代多媒体技术等多种教学方式，实施思政教育，引导学生在学习过程中深入思考，深刻理解国家富强、民族复兴、人民幸福之间的内在联系。例如，在讲解化学反应的方向和限度时，可以引导学生认识到人生的不可逆性，“盛年不重来，一日难再晨”，激励学生珍惜时间，勤奋学习，努力实现自我价值。再如，在学习溶液与胶体时，可以结合培育耐旱性植物，通过“植物固沙”来治理土地沙漠化，引入热门剧集《山海情》的片段进行情境教学，让学生在掌握专业知识的同时，深刻理解国家、民族、人民之间的紧密联系，引导他们正确处理个人与集体、家庭、国家之间的关系，为他们在未来的工作和生活过程中实现个人价值与社会价值的统一提供指引。

（2）增加翻转课堂。在以课堂教学为基础的前提下，可以通过课堂形式的多样性来提升知识传播的有效性。这样的教学方式，使得学生们可以从传统的“读死书死读书”的学习模式中解放出来，不再被枯燥、紧张和繁重的学习生活困扰。通过采用“翻转课堂”的教学模式，可以激发学生对科学的热爱和积极向上的思想情绪。例如，当学生在学习渗透压的知识时，教师可以引导学生进行关于“海水淡化”的讨论，让学生们通过实际案例来深入理解这一概念。在学习化学热力学时，教师可以引导学生探讨“神州升天，潜艇下水”等过程中的能量转化，使学生们将理论知识与实际应用相结合。在学习沉淀溶解平衡时，教师可以组织学生们讨论“含氟牙膏与龋齿保护”的话题，从而培养学生们观察、思考的能力，以及运用化学知识解决实际问题的能力。此外，我们还要有意识地培养学生们不畏艰难、刻苦钻研和勇攀高峰的良好道德品质。通过这样的教学方式，我们希望能够为学生们未来从事专业技术工作奠定坚实的思想基础和文化科学素质。这样的思政课程，不仅丰富了学生的学习生活，还提升了他们的综合素质，使他们能够成为具有创新能力和团队合作精神的优秀人才。

(3)实践教学强化。在大学基础化学的教学中，实践教学环节是不可或缺的一部分。它不仅能够帮助学生将理论知识与实际操作相结合，还能够通过实践中的挑战和问题，培养学生的创新思维和解决问题的能力。为此，我们设计了一系列与课程内容紧密相关的实践教学活动，如实验室实验、实地考察、科研项目参与等。在实验室实验中，我们鼓励学生亲自动手，通过实验操作来验证和巩固所学的理论知识。同时，我们注重实验过程中的安全教育，确保学生在安全的环境下进行实验。此外，我们还鼓励学生进行团队合作，通过分工协作来完成实验任务，培养他们的团队合作精神。在实地考察中，我们组织学生参观化学工业企业和研究机构，了解化学在工业生产和社会发展中的应用。通过实地考察，学生可以直观地感受到化学知识在实际中的应用价值，从而增强学习兴趣和动力。同时，我们还邀请企业和技术人员为学生讲座，与学生交流，让学生了解行业的最新发展动态和趋势。在科研项目参与中，我们鼓励学生积极参与教师的科研项目，通过参与科研项目的申报、实施和结题等过程，培养学生的科研能力和创新思维。同时，我们还鼓励学生自主设计科研项目，通过项目的实施来培养他们独立思考和解决问题的能力。通过这些实践教学活动，我们可以将思想政治教育与专业知识传授相结合，让学生在实践中领悟到科学精神和哲学智慧，培养他们的理科素质与农学素养。我们还可以引导学生将化学知识应用于服务社会、造福人类的实践中，激发他们的社会责任感和奉献精神。

(4)课外延伸拓展。除了课堂教学和实践教学外，我们还注重课外延伸拓展的教育方式。通过组织各种形式的课外活动，如学术讲座、科技竞赛、社会实践等，为学生提供更广阔的学习和发展空间。在学术讲座中，我们邀请国内外知名专家学者为学生进行学术交流和分享，让学生了解化学学科的最新研究成果和发展趋势。通过学术讲座，学生可以拓宽视野，增长见识，提高对科学研究的兴趣和热情。在科技竞赛中，我们鼓励学生积极参与各种化学科技竞赛和创新创业竞赛，通过竞赛的锻炼和挑战，学生可以提升自己的实践能力和创新能力，培养自己的团队合作精神和竞争意识。同时，我们还可以为学生提供竞赛指导和支持，帮助他们更好地展示自己的才华和实力。在社会实践中，我们组织学生参与各种社会实践活动和志愿服务活动，通过社会实践，学生可以了解社会需求和问题，将所学的化学知识应用于解决实际问题的过程中。同时，社会实践还可以使学生增强社会责任感和奉献精神，培养他们的公民意识和社会责任感。通过这些课外延伸拓展的教育方式，我们可以为学生提供更加全面和深入的教育体验，培养他们的综合素质和能力。同时，我们还可以将思想政治教育与专业知识传授相结合，让学生在课外活动中领悟到科学精神和哲学智慧，实现知识传授与价值引领的有机结合。

第二节 课程教学内容改革

一、课程教学内容改革的意义

(一) 基础化学理论课程教学内容的重要性

随着教育部提出“新工科、新农科”的理念，众多高校正致力于提升人才培养的质量和层次，以期打造具有全球领先水平和中国特色的本科教育体系。无论是新农科还是新工科，其发展的核心目标都是“培育新型人才”。因此，在教学实践中，我们应更加重视拓展学生的国际视野和创新思维能力，以学生的全面发展和成才为导向，推动实现科技教育与产业教育的深度融合、本科教育与研究生教育的有效衔接。这就要求教师在教学过程中，不断将学科前沿的最新研究成果引入课堂，丰富学生的知识体系，拓宽他们的视野。我们要确保知识的更新速度能够与世界科研的最新进展保持同步，以扎实的基础知识为依托，不断拓展和深化教学内容。

基础化学理论课程是化学教育的核心，它不仅为学生提供了理解化学现象和进行化学实验操作所需的基础知识，而且培养了学生的科学思维和问题解决能力。通过学习化学理论，学生能够构建起化学知识体系，为进一步深入学习后续相关化学课程以及化学知识的实践应用打下坚实的基础。在新农科背景下，基础化学理论课程显得尤为重要。它不仅为学生提供了理解农业生产和食品加工中化学原理的基础，而且对于推动农业科技创新和可持续发展具有关键作用。在现代农业的发展中，化学知识的应用无处不在，从土壤改良、作物营养、农药使用到环境保护等各个方面，都离不开化学的基本原理和方法。基础化学不仅是学习农业科学技术的基石，更是培养学生科学素养、创新能力和实践技能的关键课程。通过学习化学理论，学生能够更好地理解土壤肥力、植物营养、农药作用机制以及食品添加剂等知识，从而在农业生产中实现更高效的资源利用和环境保护。此外，基础化学知识也是学生未来在农业科技研发、农产品质量控制和食品安全监管等领域工作的重要基础。因此，基础化学的教学内容和方法必须与时俱进，适应现代农业发展的需求。

(二)基础化学理论课程教学内容的问题

现代农业已经不再是简单的耕作和种植，它融合了生物技术、精准农业、环境保护等多个领域的知识和技术。这些领域的发展和应用，都离不开化学知识的支撑。例如，生物技术在农业中的应用，需要了解生物体的化学组成和反应机制；精准农业的发展，需要通过化学分析技术来监测土壤和作物的状况；环境保护，则涉及化学物质在环境中的迁移、转化和影响。农业生产还面临着气候变化、土壤退化、病虫害等一系列挑战。具备化学知识的专业人才，能够更深入地理解这些问题的成因，从而探索有效的解决方案。多年来，大学本科教学在教学内容改革方面确实面临着一些挑战和困境。尽管教育界人士已经普遍认识到教学内容的更新和改革对于适应时代发展和培养创新人才的重要性，但实际的进展却相对缓慢，特别是在基础课程的教学上。基础课程，如数学、物理、化学等，通常被认为是高等教育的基石，它们为学生提供了必要的知识基础和思维训练。然而，正是这种“基础课教学内容是基础的、基本的，没有必要不断更新”的传统思维定式，导致了这些课程内容的更新换代速度远远落后于其他领域。这种状况在一定程度上限制了教学内容的创新性和前瞻性发展，也影响了学生的学习兴趣和创新能力的培养。课堂教学内容数年来一成不变或变化甚小，这种现象在多个层面上都有所体现。如教材的更新周期长，许多教材内容陈旧，无法反映最新的科研成果和学术动态；教学方法和手段相对单一，缺乏互动性和实践性，难以激发学生的学习热情等。

(三)基础化学理论课程教学内容改革的意义

深化教育领域综合改革是我国中长期教育改革和发展的需要。随着我国农业现代化的不断推进，农业生产方式正在经历一场深刻的变革。基础化学理论课程的教学内容改革正逐渐成为推动农业科技创新和实现可持续发展的关键因素。这一改革的核心在于，通过更新和优化教学内容，使化学教育更加符合现代农业发展的需求，更加注重理论与实践的结合，更加注重培养学生的创新能力和实践能力。基础化学理论课程教学内容改革不仅仅是对教育领域的一次深刻自我革新，更是一次教育理念的更新和教育模式的转型。在传统教育模式下，化学理论教学往往侧重于知识的传授和理论的堆砌，而在新农科背景下，化学理论教学更加注重知识的实际应用和能力的重点培养。这种转变意味着，教育工作者需要重新审视教学内容，剔除过时和冗余的知识点，引入前沿的科学研究成果和技术应用，使化学理论教学更加贴近农业生产的实际需求。

改革也为培养能够适应快速变化社会需求的农业专业人才提供了坚实的基础。在现代农业领域，新的科技革命和产业变革正在深刻改变农业生产的面貌。生物技术、信息技术、绿色环保等新兴领域的发展，对农业专业人才提出了更高的要求。在这一背景下，培养具有化学知识背景的高素质人才显得尤为关键。在农业现代化的背景下，培养具备化学知识的高素质人才，对于推动农业科技进步、保障粮食安全和促进生态环境可持续发展具有重要意义。基础化学理论课程的教学内容改革，正是为了满足这一需求而出现的，通过系统地整合和更新教学内容，能够培养出既懂得化学基础知识，又能将化学知识应用于农业生产实践中的复合型人才。通过这一改革，教育系统致力于培育具备扎实化学理论知识和实践经验的高素质人才，这些人才将成为推动农业科技进步和现代化建设的核心力量。化学科学的持续进步带来了源源不断的新理论、新技术，这些前沿知识对于学生来说既是挑战也是机遇。将这些最新成果及时整合到教学内容中，不仅能够帮助学生紧跟科学发展的最新趋势，而且能够激发他们对化学学科的兴趣和热情，培养他们的创新思维和解决问题的能力。这使得学生在毕业后无论是投身农业生产、农产品加工领域还是农业环境保护等领域，都能够运用所学的化学知识，有效应对各种复杂问题。

现代农业涉及多个学科领域，基础化学理论课程的改革可以更好地与其他学科融合，培养学生的综合素养。同时，教学改革还着眼于培养学生的跨学科思维能力，通过整合化学与生物学、环境科学、信息技术等相关学科的知识，构建了一个综合性的教学体系，这种跨学科的教学模式有助于学生建立宽广的知识视野，提高他们在多变的工作环境中的适应能力和创新能力。此外，教学内容的改革也对基础化学学科自身的发展产生了积极影响。随着化学知识在农业领域的广泛应用，化学学科的研究范围和应用场景也在不断拓展。教育改革通过更新教学内容，不仅为农业科技创新提供了人才支持，也为化学学科的发展注入了新的活力。

综上所述，基础化学理论课程的教学内容改革正成为培养农业专业人才的关键环节，这些人才不仅需要掌握化学的基础理论，更需具备将这些理论应用于实际农业生产的能力。这种改革的深远意义在于，它能够确保学生在毕业后迅速适应并推动农业领域的创新和发展，满足了现代农业对高素质人才的迫切需求。通过改革，教学内容将更加贴近现代农业的实际需求，强调化学知识在农业生产、食品加工、环境保护和农业生物技术等方面的应用。这不仅能让学生在学术上获得深入的理解，更能在实践中培养他们的技能和创新能力，使他们在面对农业领域的各种挑战时能够提出切实可行的解决方案。改革还将鼓励学生参与到农业科技创新的过程中，通过科研项目、创新竞赛等形式，激发他们的科研兴趣和创新潜能。这不仅为学生提供了展示自己才华的平台，也为农业科技创新注入了新的活力。教学内容的改革还将促进教育方法的创新，如采用问题导向学习、案例分析、模拟实验等多样化教学手段，提高学生的学习兴趣和参与度。这种教学方法的创新有助于培养学生的批判性思维和分析问题、解决问题的能力。新农科背景下，基础化学理论课程的教学内容改革是一项系统工程，它不仅关乎教育质量的提升，更关乎农业科技创新和可持续发展的未来。通过这一改革，我们可以培养出更多具有国际竞争力的农业专业人才，为实现农业现代化和推动社会进步做出积极的贡献。

二、课程教学内容问题探究

随着教育部“新工科、新农科”概念的提出，各高校都在着力提高人才培养的能力和水平，助力推动形成具有世界一流水平和中国特色的本科教育体系。无论是新农科还是新工科，其建设的核心都是“培养新型人才”，因此，在教学时更应注重培养学生的开阔眼界和创新思维，以学生成长成才为中心，实现科教协同、产教融合、本研衔接的大学教育。这就要求教师在教学过程中，将最新的成果引入课堂，增长学生的知识，开阔学生的视野，让知识的更新速度跟上世界最新研究的步伐，以课本基础知识为本，拓展教学内容。随着我国农业现代化进程的不断推进，农业高等教育也在逐步转型，新农科教育理念因具有前瞻性和实用性，逐渐成为这一领域的发展主流。在这一背景下，基础化学作为农科教育体系中的一门关键基础课程，对其教学内容和方法的改革显得尤为迫切和重要。

大学本科教学内容的改革是一个系统工程，需要各方面的共同努力和协作。只有不断更新和优化教学内容，才能培养出更多适应社会发展需求的高素质人才。比如，通过化学手段改善土壤结构，提高土壤肥力；利用化学防治方法，有效控制病虫害的发生和传播。在现代农业发展的过程中，化学教学内容的改革显得尤为重要。教学内容需要与时俱进，反映最新的科研成果和技术应用。现代农业涵盖了生物技术、农业生态、食品安全、土壤改良等多个领域，这些领域对化学知识的需求各不相同，要求教学内容能够全面、系统地涵盖这些领域的知识点。化学科学和技术的快速发展，为农业生产提供了新的工具和方法。面对气候变化、土壤退化、水资源短缺等全球性问题，化学教学需要培养学生的环境意识和可持续发展能力。这意味着，化学教学不仅要传授知识，还要引导学生关注环境保护，培养他们解决实际问题的能力。

基础化学课程需要紧跟科学技术的最新进展，不断更新和丰富教学内容。这包括将最新的科研成果、农业生产的实际案例以及跨学科的综合知识融入课程，使学生在学习过程中更好地理解化学知识在农业生产中的应用价值，增强学习的针对性和实用性。学校和教师应建立教学内容定期审查和更新机制，确保课程内容的时效性和前瞻性。同时与科研机构建立合作关系，将最新的科研成果引入教学，为学生提供了解前沿科学的窗口。关注化学在农业、医药、环保等行业的应用，将行业发展趋势和需求融入教学内容。定期邀请化学领域的专家学者进行专题讲座和研讨会，让学生直接了解化学研究的最新进展。利用在线课程、学术期刊数据库等资源，为学生提供丰富的学习材料，拓宽他们的知识视野。鼓励并支持学生参与教师的科研项目或自主开展研究，让他们在实践中学习和应用最新的化学知识。设计跨学科的课程和项目，将化学知识与其他学科知识相结合，培养学生的综合应用能力。

三、课程教学内容改革举措

(一)无机及分析化学

无机及分析化学的主要内容是化学基本原理、元素化学、溶液的四大平衡及四大滴定、化学分离法和基本仪器分析。教学目标是使学生系统地掌握化学基本原理和元素性质，学会定量、定性的基本分析方法和获取综合分析的能力，为后续课程学习奠定基础。无机及分析化学课程综合了无机化学和分析化学两门课程的知识，删减了重复的知识点，可以避免老师重复授课和同学重复学习，两门课程的结合加强了各知识点的联系，能帮助学生更好地掌握和运用知识。

无机及分析化学作为化学学科的基础分支，构建了一个庞大而复杂的知识体系。它不仅具有深厚的基础性，而且对其他化学专业课程如有机化学、物理化学等起到了重要的引导作用。这门学科涵盖了从原子结构、化学键、化学反应原理到定量分析、仪器分析等多个方面，内容广泛且深入，要求学生具备扎实的化学基础知识和良好的逻辑思维能力。

由于无机及分析化学的学时通常比较紧凑，课程内容繁多，学生需要在课前进行充分的预习。学生如果没有做好预习工作，或者接受能力较弱，就很容易在课堂上跟不上教师的教学节奏，导致学习效率低下。此外，无机及分析化学中的一些概念和原理可能相对抽象和复杂，需要学生投入更多的时间和精力去理解和掌握。因此，无机及分析课程的教学内容需要精心设计，特别是对于农科专业的同学。

(1)删减合并重复内容。

无机及分析化学是一门由无机化学和分析化学两大基础课合并而成的新课程，合并的目的是发挥两大基础课程各自的优势，减少教学内容的重复。湖南农业大学目前使用的是自编的无机及分析化学教材，内容体系为绪论→溶液和胶体→化学反应速率→化学热力学基础及化学平衡→酸碱平衡与沉淀溶解平衡→配位化合物→氧化还原反应→物质结构基础→分析化学概论→滴定分析方法→吸光光度法→电势分析法→现代仪器分析简介等十二大部分，即教材的前面七章为无机化学部分，后面五章为分析化学部分。教材中的第九章“滴定分析方法”主要介绍了酸碱滴定法、配位滴定法、氧化还原滴定法和沉淀滴定法，其重点讲解了四大平衡（酸碱平衡、配位平衡、氧化还原平衡和沉淀平衡）在分析化学中的应用。实际上，这一章节的内容可合并到其他章节讲解，即酸碱滴定法和沉淀滴定法可合并到第四章“酸碱平衡和沉淀溶解平衡”中来讲解，配位滴定法可合并到第五章“配位化合物”中讲解，氧化还原滴定法可合并到第七章“氧化还原反应”中讲解。这样既可以避免内容上的重复，减少课时，又可以提高学生的综合应用能力，增加教学的趣味性。

（2）无机化学和分析化学的衔接和整合。

在化学教学中，将四大平衡（酸碱平衡、沉淀溶解平衡、氧化还原平衡和配位平衡）与滴定分析紧密结合，是确保学生能够全面掌握分析化学核心概念和技能的关键。然而，要实现这一目标，必须对教材中的相关章节进行适当的调整和优化，以确保教学内容的连贯性和逻辑性。首先，滴定分析作为一种定量分析方法，其准确性依赖于多种因素，包括分析方法的选择、测定方法的准确性、实验条件的控制等。为了获得高质量的分析结果，学生不仅需要掌握滴定操作的技术细节，还要能够对结果进行科学的评价和误差分析。其次，对分析结果的评价是一个复杂的过程，它要求学生能够判断结果的准确性，识别并检查可能的误差来源。这包括对实验过程中可能出现的系统误差、随机误差进行分析，并能够运用统计方法对数据进行处理，以提高结果的可靠性。教材中关于定量分析的介绍应该提前，包括定量分析的基本概念、实验误差与有效数字的处理、数据的统计处理方法，以及滴定分析法的概述。这样的安排有助于学生在接触四大平衡之前，就对定量分析有一个整体的认识，从而在后续的学习中更好地理解和应用相关知识。现行教材中存在的问题，如四大平衡内容安排在定量分析之前，可能导致学生在进行计算和表示结果时出现混淆。例如，学生可能不清楚在计算 pH 或物质的量浓度时应该保留几位有效数字，或者在结果表示上采用不同的方法，这不仅影响了实验结果的准确性，也反映了教学内容安排上的不足。

为了解决这些问题，教师和教材编写者需要对教材内容进行重新审视和调整，合理安排定量分析和四大平衡的教学顺序。这不仅能够提高教学效率，减少不必要的课时，还能够通过精炼教学内容，使学生在有限的时间内获得更深刻的理解和更扎实的技能。具体来说，教学内容的调整可以包括以下几个方面：

①提前介绍定量分析的基础知识，使学生在接触具体的化学平衡之前，就对实验数据分析有一个清晰的认识。②强化实验误差和数据处理的教学，通过案例分析和实际操作，让学生了解如何评估和处理实验数据。③优化滴定分析的教学方法，通过模拟实验和实际操作，提高学生的实验技能和数据分析能力。④加强教材内容的逻辑性和连贯性，确保学生能够顺畅地从定量分析过渡到四大平衡的学习。⑤鼓励学生进行主动学习和思考，通过讨论、研究项目和案例分析，培养学生的批判性思维和创新能力。⑥利用现代教育技术和工具，如在线教学平台、模拟软件等，提高教学的互动性和实践性。⑦建立反馈和评估机制，及时了解学生的学习情况，根据反馈调整教学内容和方法。

这些措施，可以有效地提高化学教学的质量，使学生在掌握化学基础知识的同时，锻炼解决实际问题的能力，为未来的学术研究和职业发展打下坚实的基础。

(二)有机化学

有机化学作为大学化学教育中的重要组成部分，对于学生的专业发展和科学素养的培养具有举足轻重的作用。有机化学的学习能够帮助学生建立起对化学分子结构和反应机制的深刻理解，这是化学知识体系中不可或缺的一环。通过掌握有机化学的基本原理，学生能够更好地理解化学现象和进行科学探究。有机化学的学习过程是一个不断探索和发现的过程。学生在这一过程中能够学会如何提出假设、设计实验、分析数据和得出结论，这些科学研究的基本技能对于他们未来的学术研究和职业发展至关重要。有机化学中充满了各种复杂的分子和反应，学生需要学会分析这些分子的结构特点，预测反应的路径和结果。这种分析和解决问题的能力在化学的农业应用中极为重要。有机化学的学习鼓励学生进行创新思考，探索新的合成方法和反应机制。这种创新思维的培养有助于学生在未来的科学研究和技术开发中发挥关键作用。有机化学的多样性和创造性能够激发学生对化学的兴趣和热情。通过有机化学的学习，学生能够体验到化学的美妙和实用性，从而更加热爱化学学科。总之，有机化学的学习效果和质量对于学生的化学教育和个人发展具有深远的影响。高质量的有机化学教育不仅能够提供必要的化学知识和技能，而且能够培养学生的科学研究能力、创新思维、实验操作技能和团队合作精神，为他们的未来学术和职业生涯奠定坚实的基础。

有机化学基础课程在实际的教学过程中，面临着不少问题和挑战。这些问题主要体现在以下几个方面：首先，教学内容繁多。有机化学作为化学的一个重要分支，其涵盖的内容非常广泛，从基本的有机化合物结构、命名，到有机反应机理、有机合成策略等，每一部分都包含了大量的知识点和细节，需要学生投入大量的时间和精力去学习和理解。其次，知识点零碎。有机化学的知识体系并不是一个完整的整体，而是由许多相互关联但又相对独立的知识点组成的。这些知识点之间可能存在着复杂的联系，但学生在学习过程中往往需要逐一掌握，这容易使学生感到学习内容繁杂且难以串联。再次，理论性强。有机化学的学习不仅仅是记忆知识点，更重要的是理解和运用理论。有机化学的理论基础，如反应机理、电子效应、立体化学等，对于培养学生的逻辑思维和科学素养至关重要。然而，这些理论往往较为抽象，需要学生具有较强的逻辑推理能力和空间想象力。最后，课时量少。在当前的教学安排中，有机化学基础课程的课时量往往有限，这使得教师在有限的时间内要完成大量的教学任务，难以做到深入细致地讲解每一个知识点。同时，学生也由于课时的限制，缺乏足够的时间进行消化和练习。这些问题的存在，使得有机化学基础课程的教学效果受到影响，学生学习的积极性和效率也可能因此降低。因此，探索和实施有效的教学方法和策略，对于改善有机化学基础课程的教学现状具有重要意义。

有机化学这门课程所涵盖的教学内容极为丰富，在当前有限的教学课时条件下，应当进行科学合理的安排，并在这个基础之上对教学计划加以优化。具体的有机化学理论课程改革举措如下：

首先，有机化学基础课程基本上都是依照功能团作为主线来编排的，每一章的内容都会牵涉到有机物的命名、结构以及反应等方面，其前后不仅存在相互对照的情况，而且具有内在的紧密联系。教师完全能够对所有的这些内容予以整合，通过知识点模块之类的形式，将前后的知识点有效地串通起来，进而让学生对有机化学的脉络具备更清晰明确的认知。就拿电子效应来说，诱导效应通常会在单烯烃的章节中出现，共轭效应则一般出现在共轭二烯烃的章节当中，而它们对有机物性质产生的影响则分散在不饱和烃反应、苯的定位效应、酚酸性大小、胺碱性大小、亲核加成速率等众多章节里面。我们可以将涉及的所有内容进行整合，制作成教学课件分享给学生。学生在自主学习的时候，能够了解到学习各章节时所需要关注的要点，并且能够有效地将前后所有涉及电子效应的现象进行对比，从而更高效地加深对知识点的理解和掌握程度。

其次，在有限课时这样的背景之下，应当恰当地对教学内容做出删减。伴随着“实践与教育相结合”这一方针政策的推行和实施，高校持续不断地全面深化在教育教学方面的改革，对基础课程的课时进行了压缩，强调从“大量时间学”朝着“有效率学”进行转变。有机化学课程的教学内容繁多，其中的知识点相对比较抽象，教师往往需要耗费大量的时间来进行讲授，同时还需要搭配习题讲解以加深学生的印象，然而课时的压缩给教学带来了一定程度的影响。所以，很有必要针对教学内容进行删减，以确保抽象知识点的讲解时间足够充裕。比如说有机物的熔沸点，在讲解烷烃的分子间作用力以及醇的氢键时，鉴于其他物质具有相似性，可以让学生在课后自行学习。再比如有机物的命名，学生最早学习的是烷烃的命名，在这个章节中会学习命名的基础知识，像是主链的选取以及如何进行编号等。在后续的学习章节里面，官能团的加入会对主链选取和编号产生影响，不过存在一定的规律性，所以对于烷烃、烯烃的讲解可以更详尽细致一些，后续的讲解则可以稍微简略一点，等到学习了多个官能团之后再进行系统全面的总结，以此达到节省课时的目的。

教学内容应当依据学生的专业特点做到侧重点的突出。以有机化学课程作为基础课程的专业数量众多，像生物、生命、食品、环境、材料等学科相关的专业等，这些专业对于有机化学知识点的需求在深度和广度方面存在差异。正因如此，可以结合不同专业的培养要求，对教学内容进行合理的整合以及精心筛选，以期能够让学生更有效率地学到适合自身专业发展的有机化学知识。

第三节　课程教学模式改革

一、课程教学模式改革的意义

在竞争激烈的当今社会，我们急需培养的人才是专业基础知识扎实、综合素质高、创新能力强的综合型人才，而人才的培养以教育为本。大学生的自主性学习有利于学生在掌握基础知识的基础上培养独立思考能力、总结和归纳能力、组织和协调能力、创新能力等。基础化学理论课程是农业院校全校性的非化学专业学生的化学基础课和必修课，在我校生科、动科、动医、农学、食品、种子、草业、园艺、食质、资环等专业中均有开设，也是农业院校培养非化学专业学生动手能力和创新能力的重要基础课。现代教育强调学生中心、主动学习和终身学习能力的培养。改革教学模式可以帮助学生更好地掌握化学知识，同时培养他们的批判性思维和解决问题的能力。化学与其他学科如生物学、物理学、材料科学等有紧密的联系。教学模式的改革可以促进学科间的交叉融合，帮助学生建立跨学科的知识体系。通过改革教学模式，比如采用翻转课堂、项目式学习等方法，可以提高课堂的教学效率，让学生在有限的时间内获得更多的知识。教学模式的改革也为教师提供了学习和成长的机会，鼓励他们不断更新教学方法和内容。在全球教育竞争日益激烈的今天，改革教学模式有助于提升教育质量，增强学生的国际竞争力。

二、课程教学模式问题探究

(一)教学方法单一

在以往的基础化学实验教学过程中，往往单纯以教材为纲，强调培养学生的实验操作技能，主要由任课教师按照教案讲解实验步骤、方法、反应现象、反应结果等内容，学生上实验课只能按照固定步骤做，思维也是固定不变的，学生很少主动思考问题，也很难自己主动找到解决问题的办法，创新思维和创新能力难以得到发展，并且存在以教师讲授为主的满堂灌式教学，教师在课堂上占据主导地位，长时间地讲解知识，学生被动地接收信息，缺乏主动思考和参与的机会。例如，在讲解复杂的化学公式和原理时，教师只是一味地推导和解释，学生难以跟上节奏，容易感到枯燥和疲惫。由于缺乏互动环节，课堂上教师与学生之间的交流互动较少，学生的疑问不能及时得到解答，导致对知识的理解不够深入。比如，教师在讲完一个知识点后，没有留出时间让学生提问或进行讨论，就直接进入下一个内容。有时还存在实验课程形式化的现象，实验课往往只是按照既定的步骤进行操作，学生对实验的原理和设计缺乏深入理解，难以培养创新思维和解决问题的能力。例如，在进行化学物质的合成实验时，学生只是按照实验教材的步骤完成操作，而不清楚为什么要这样设计实验，以及如何对实验结果进行分析和改进。与农业生产实际结合的实地考察活动较少，学生无法直观地感受化学知识在农业中的应用，理论与实践脱节。比如，在学习土壤化学时，学生没有机会亲自到农田中采集土壤样本进行分析，对土壤的性质和改良方法的认识仅停留在书本上。此外，还存在分组不合理的现象，小组分组没有考虑学生的个体差异和能力水平，导致小组合作效果不佳。比如，将学习能力强和弱的学生随机分组，可能会出现部分学生承担过多任务，而部分学生参与度不高的情况。老师指导不足的问题也普通存在，教师在小组合作学习过程中缺乏有效的指导和监督，小组讨论容易偏离主题，无法达到预期的教学目标。例如，学生在进行小组讨论时，教师没有及时引导学生深入思考问题，导致讨论流于表面。

（二）缺乏有效的教学反馈机制

缺乏有效的教学反馈机制是基础化学理论课程教学模式改革中的一个重要问题。

（1）信息反馈不及时。教师可能无法及时获取学生对教学内容的理解和掌握情况，也就无法针对学生的困惑和问题做出快速反应和调整。

（2）反馈渠道单一。如果仅通过传统的考试和作业来收集学生反馈，可能无法全面了解学生的学习体验和需求，限制了反馈的深度和广度。

（3）缺乏个性化反馈。在大班教学中，教师可能难以为每个学生提供个性化的反馈，这导致学生的特殊需求和问题可能得不到解决。

（4）学生参与度低。如果学生感觉自己的意见和反馈没有被重视或采纳，可能会降低他们参与教学反馈的积极性。

（5）教学改进缺乏依据。没有有效的反馈机制，教师就难以根据学生的反馈来评估和改进教学方法和内容，从而影响教学质量的提升。

（6）忽视学生的情感和态度。除了知识和技能的掌握，学生的情感和态度对学习也至关重要。缺乏有效的反馈机制可能使教师忽视这方面的信息。

（7）难以形成闭环的教学改进流程。教学反馈是教学改进的重要环节，没有有效的反馈，教学改进就难以形成闭环，最终导致问题长期得不到解决。

（三）实验管理体制不灵活

近年，由于高校不断扩招，高校学生人数猛增，很多高校很少扩建或重建实验室，仪器设备也很难在短时间内大量补充，特别是基础实验室，仪器设备数量难以满足实验教学需要。一是资源分配不合理导致实验设备分配不均。一些热门的、与农业应用紧密相关的实验设备可能会出现供不应求的情况，而部分较少使用的设备则长期闲置，造成资源浪费。例如，用于土壤成分分析的高精度仪器数量有限，导致学生排队等待使用，影响实验进度。二是实验试剂供应不及时。某些特定的、在农业化学实验中常用的试剂，由于采购流程或库存管理不善，经常出现短缺，影响实验的正常开展。比如，某种新型的生物农药检测试剂缺货，使得相关实验无法按时进行。三是实验室长期经费投入不足，很多仪器特别是大型仪器难以适时添置，不能满足教学、科研的需要。目前实验室按不同课程设置教学实验室，相互独立，实验用房紧张，实验房使用重复率高，利用率低，造成了资源浪费。另外，高校教学重理论、轻实验、忽视实验室工作的传统观念和相应体制，直接影响了实验室管理水平的提高。四是实验课程安排僵化导致时间固定且集中。实验课程往往被安排在特定的时间段，且较为集中，无法满足学生个性化的学习需求和时间安排。比如，对于一些参加农业实践活动或有其他课程冲突的学生来说，难以协调时间参加实验课程。五是缺乏弹性调整机制。一旦实验课表确定，很难根据实际情况进行灵活调整。例如，当遇到突发的实验设备故障或教师的临时工作安排变动时，无法及时调整实验时间，导致教学延误。

三、课程教学模式改革举措

课程设置是教育教学体系中的重要架构，它直接影响着学生的知识获取和能力培养，为了更好地适应新农科的发展需求和学生的成长特点，我们需要对课程设置进行全面而深入的优化。传统的教学方法往往采用“灌输式”教学，倾向于给学生“鱼”而非教会他们“渔”，这导致学生处于一种被动接受知识的状态，缺乏主动探索和学习的动力。教育家本杰明·富兰克林曾指出：“告诉我，我可能会忘记；参与其中，我才能学会。”这强调了参与式学习的重要性。因此，在现代教学实践中，我们必须将学生置于教学的中心，充分发挥教师的引导作用，营造一个开放、民主的课堂环境。通过小组讨论等活动，有意识地组织学生积极参与，鼓励他们主动思考和探索，从而实现从被动接受到主动学习的转变。

首先，进行充分的市场调研和行业需求分析，了解农业领域的最新动态和前沿趋势，明确农业化学相关岗位对人才知识和技能的具体要求。在此基础上，对课程的整体架构进行重新规划，确保课程体系的科学性和前瞻性。增加跨学科的课程模块，打破传统学科之间的界限，融合化学、生物学、农学等多个领域的知识。例如，增加“农业生物化学”“环境化学与农业生态”等教学模块，培养学生综合运用多学科知识解决实际农业问题的能力。调整课程的先后顺序和衔接关系，构建一个由基础到专业、由理论到实践的合理课程梯度，让学生在逐步积累知识的过程中，能够循序渐进地提升自己的专业素养。此外，还应根据学生的兴趣和特长，设置一定比例的课外自学内容，为学生提供个性化的学习路径。比如，设置“农产品化学加工工艺”“农业化学创新实践”等，满足不同学生的发展需求。

其次，提高学生参与度，激发学习兴趣。学生的参与度在教学过程中起着至关重要的作用，它直接关系到教学效果的优劣和学生获取知识的程度。因此，我们需要采取一系列切实有效的措施来显著提高学生的参与度。要创建一个积极活跃、民主平等的课堂氛围。教师应摒弃传统的权威式教学方法，以亲切、友善的态度与学生进行交流和互动，鼓励学生勇于发表自己的观点和见解，让他们感到自己的声音被重视和尊重。在教学中引入更多与农业实际应用紧密相关的生动案例和有趣实验，让学生看到化学理论在解决农业问题中的实际价值，从而激发他们的学习兴趣。例如，讲解化学肥料的成分时，可以现场展示不同肥料对植物生长的影响实验。采用小组讨论、角色扮演、辩论等互动式教学方法，让学生积极参与到课堂中来。比如，针对某一农业化学污染问题，组织学生进行辩论，探讨解决方案。及时反馈与激励。对学生在过程考核中的表现及时给予具体的反馈和鼓励，让他们感到自己的努力和进步得到了认可。可以在课堂上公开表扬表现出色的学生，或者给予小奖品作为激励。营造良好的课堂氛围，教师要以亲切、平等的态度与学生交流，鼓励学生提问和发表不同观点，创造一个宽松、积极的学习环境。在课程建设中，思维导图作为一种有效的工具，能够以直观的方式展示知识的层次和联系，帮助学生更加清晰地理解课程内容的结构。这种方法促进了学生对课程重点和难点的结构化理解和系统化掌握，使他们能够更有条理地梳理和吸收知识。在构建图谱时，通过运用图像、色彩等多样化的视觉表达手段，可以有效提升记忆的效率，同时激发创造力和培养发散性思维。这种多维度的信息呈现方式，使得学习过程更加生动和富有吸引力，有助于加深理解和记忆。

教师通过运用学生乐于接受的教学模式和教学手段，让学生学好知识，再帮助学生把学到的知识转化为能力，因为能力是帮助学生更好地适应当今社会快速发展的非常重要的条件之一。

第四节　课程考核模式改革

一、课程考核模式改革的意义

基础化学理论课程是农、林、动科、环境、食品、生物类等专业学生必修的一门基础课，也是一门理论联系实际的典范课程。为了契合“新农科”建设要求，全面提高课程教学质量，新农科背景下进行基础化学理论课程考核模式改革势在必行。其中，考核评价是衡量学习成效和教学效果的依据。传统教学活动对应的考核评价体系以“内容为本”，重点考查学生对于知识的掌握情况，形式上注重期末考试。其弊端有二：一是缺乏对学生综合能力和科学素养的评价，在以“内容为本”的引导下，学生重知识、轻能力，不能“学以致用”；二是传统考核评价体系不重视考查学生的学习过程，“一卷定终身”的策略导致学生不注重平时积累，对知识的掌握不牢固。近些年，随着混合式教学的深入开展，如何建立科学的、能够体现其教学成效的混合式教学评价体系受到越来越多的关注。

基础化学理论课程存在教学内容繁杂、知识点分散等问题，是教师教学中的重点课程，也是学生心目中难啃的“硬骨头”。学生专业自信心受到打击，学习的积极性就会受到影响，最终导致教学效果难以达到预期效果，无法培养学生的创新思维，更无法培养具有实践能力的人才。因此，在课程改革中，考核方式的改革是一个重要环节。封闭性试题在课程中仍占主导地位。封闭性试题考点明确，有利于教师判断学生对于知识点的掌握情况，但容易导致学生思维懒惰，只想死记硬背应付考试。封闭性试题考核无法客观反映学生对知识点的掌握情况和解决问题的思维过程，影响课程教学目标的达成，也不利于提升“基础化学理论课程”课程的教学质量，影响农业领域人才的培养。

此外，随着新农科理念的不断推进和深化，农业领域对于人才的需求发生了重大的转变。传统的考核模式已经难以适应这种变化，无法准确地评估学生是否具备新农科所需的综合素质和能力。当前，农业的发展日益依赖于先进的科学技术和创新思维，基础化学作为新农科中的重要基础课程，其教学目标不再仅仅是传授理论知识，更重要的是培养学生运用化学知识解决农业实际问题的能力。然而，现有的考核模式往往侧重于对知识点的记忆和理解，而忽视了对学生实践能力、创新思维以及将化学知识与农业应用相结合能力的考查。这种考核模式无法有效地激励学生积极主动地参与实践和创新活动，也不能准确反映学生在真实农业场景中运用化学知识的水平。

同时，新农科强调多学科的交叉融合，基础化学需要与生物学、农学、环境科学等学科紧密结合。但现有的考核模式通常是在化学学科内部进行孤立的考核，缺乏对跨学科知识和综合应用能力的有效评价，这在一定程度上阻碍了学生构建跨学科的知识体系和思维方式，不利于培养适应新农科发展的复合型人才。同时，随着教育理念的更新和社会对人才评价标准的变化，传统的以期末考试成绩为主的单一考核方式已经不能全面、客观、公正地评价学生的学习成果和潜力。这种考核方式容易导致学生在学习过程中只注重短期的应试准备，而忽视自身知识的积累、能力的提升和综合素质的培养，不利于学生的长远发展和职业规划。

综上所述，为了更好地适应新农科的发展要求，培养具有创新精神和实践能力的高素质农业人才，对基础化学理论课程的考核模式进行改革不仅势在必行，而且具有极其重要的现实意义和长远价值。

二、课程考核模式问题探究

(一)考核理念陈旧，考核结果欠准确

课程传统考核模式主要包括预习、作业、平时表现、期末考试几大部分。任课教师通过学生的作业及考试情况来明确学生的学习、理解及掌握程度，并及时予以评价，但仍有不少同学对学习任务不够重视，往往只是简单摘抄教材上的内容，对疑难点缺少深入思考和分析；而对于抄袭教材的少数学生，教师也不能客观地了解其真实情况；平时表现则往往因考核标准不完善、教师不能及时量化并记录每个学生的具体表现，而无法准确判断每个学生的能力和学习过程中存在的问题；期末考试多采用题目考核，受各种现实因素的影响，考核往往流于形式，即使发现了学生在学习过程中存在的种种问题，也难以及时进行纠正，而且教师打分也存在一定的主观性和局限性，难以公平、客观地反映学生的真实水平和能力。

(二) 过程考核不足，学生参与度不够

过程性考核旨在通过加强对学生平时学习过程的考核，加强学生对所学知识的理解、掌握和应用，使学生由被动式、灌输式、机械式学习变为主动式的探索型、研究型学习。化学课程传统考核模式中，过程性考核占期末总评成绩的比重偏低，且考核内容及形式单调，缺乏系统性和灵活性，导致学生成绩分值较为集中，拉不开差距。师生互动和学生参与度不够，教师对学生课前课后的学习情况不能准确把握，期末考核结果不能全面反映学生的学习情况，也有可能给教师的教学分析带来错误的信号和提示，进一步影响课程教学目标的达成。

(三) 考评成绩与学生的实际水平不符

通过现有的考评体系得出的成绩，不能准确且全面地反映出学生在新农科化学理论课程方面的掌握程度和应用能力。例如，部分学生在考试中能够凭借死记硬背取得较好的分数，但在实际解决与农业相关的化学问题时，却表现得思维僵化、方法不当，无法灵活运用所学知识。这种不符还体现为考评成绩无法有效区分学生在不同能力维度上的差异。对于那些在实验操作、创新思维以及将化学理论与农业实践相结合等方面具有突出能力的学生，现有的考评方式可能无法给予其充分的肯定，导致他们的优势在成绩中未能得到应有的彰显。

此外，考评成绩也未能充分反映学生在团队协作、交流沟通等综合素质方面的表现。在新农科化学理论课程的学习中，学生经常需要以小组形式完成实验和项目，然而这些在团队合作中展现出的能力和素质未能在成绩中得到足够的重视，使得成绩与学生实际具备的综合能力不相符合。再者，由于考评内容和形式的局限性，一些学生可能因为擅长应对特定类型的考题而获得高分，但实际上他们对课程的核心概念和原理的理解并不深入，一旦在面对实际情况中的复杂化学问题就会束手无策，这进一步凸显了考评成绩与学生真实水平之间的差距，导致最后的考评成绩与学生的实际水平不相符。

三、课程考核模式改革举措

(一)多元化考核方式

首先，增加平时考核比重。具体为重视课堂表现，包括回答问题的积极性、准确性，参与小组讨论的贡献度等。例如，对于在课堂上能够提出创新性观点或有效解决小组讨论中难题的学生给予加分。还要重视作业完成情况，不仅关注作业的正确率，还考查学生完成作业的态度、方法和独立思考能力。比如，对于能够运用多种方法解决同一道化学问题的学生给予额外奖励。引入阶段性测验，每月或每单元结束后进行小测验，及时检测学生对知识的掌握程度。测验形式可以多样化，如闭卷、开卷、在线测试等。根据测验结果，教师能够及时调整教学进度和方法，学生也能了解自己的学习状况，有针对性地进行复习和巩固。

其次，增加实践操作考核比重，重点考核学生的方案设计、操作技能、数据处理和分析能力。例如，要求学生独立设计一个与农业相关的化学实验，并对实验结果进行分析和总结。在过程性考核方面，更加注重学生在课堂学习过程中的全方位表现。不再仅仅依据传统的课堂出勤和简单的课堂回答问题来评判，而是深入观察学生在课堂讨论中的深度参与程度、观点的独到性和创新性，以及在小组合作学习中所展现出的团队协作能力和贡献度。例如，通过记录学生在针对农业化学领域的某个具体问题的小组讨论中的发言次数、观点质量和对团队解决方案的影响，来全面评估其在课堂讨论环节的表现。对于作业考核，不再局限于传统的书面作业，而是增加实践作业和在线作业等多种形式。实践作业可能要求学生深入到农业生产现场，采集样本并进行化学分析，然后撰写实践报告。在线作业则能充分利用现代教育技术平台，通过智能化的作业系统，实时监测学生的作业完成进度和质量，及时给予反馈和指导。比如，利用在线化学实验模拟软件，让学生完成虚拟实验操作并提交实验报告。实验考核环节得到极大的强化和丰富，不仅考核学生的实验操作技能是否规范和熟练，还重点考查学生在实验设计中的创新性思维、对实验数据的精准处理和分析能力，以及面对实验过程中的突发问题时所展现出的解决问题的能力和应变能力。例如，设置开放性的实验课题，要求学生自主设计实验方案，探索某种新型农业肥料的化学特性和应用效果，并对实验结果进行深入的分析和讨论。

最后，项目式考核成为多元化考核方式中的重要组成部分。学生需要以团队或者个人的形式完成与农业化学相关的研究项目或者实践项目，如开发一种绿色环保的农药替代品或者研究某种农产品的保鲜技术中的化学原理。通过项目的策划、实施、成果展示和答辩等环节，全面评估学生的综合能力和创新精神。

综上所述，新农科背景下基础化学理论课程考核模式改革的多元化考核方式，从多个维度和多个角度全面、科学、客观地评价学生的学习成果和能力水平，为培养适应新农科发展需求的高素质人才提供了有力的保障和支持。

（二）过程性评价与终结性评价相结合

（1）过程性评价。建立学生学习档案，记录学生在整个课程学习过程中的表现，包括课堂参与、作业完成、测验成绩、实验表现等。定期与学生进行学习反馈和交流，帮助学生及时发现问题，调整学习策略。重视课堂考勤与参与度，记录学生的出勤情况，观察学生在课堂上的专注度、提问与回答的表现、参与小组讨论的积极性等。例如，每次课都记录学生的出勤，对于积极参与课堂互动、提出有价值问题或观点的学生给予加分。关注平时作业完成情况，包括作业的按时提交、完成质量、解题思路的清晰程度等。比如，定期布置与农业化学相关的作业，如分析某种农产品中的化学元素含量，根据作业的准确性和完整性进行评分。在每个章节或重要知识点结束后进行小测验，以了解学生的阶段性学习成果，可以是线下的纸质测验，也可以是线上的即时测验。例如，学完有机化学在农业中的应用这一章节后，进行一次小测验，检验学生对相关概念的理解。考察实验过程表现，对于实验课程，评价学生的实验准备、操作规范、实验数据记录、团队协作等。比如，在进行农产品成分分析实验时，观察学生是否正确使用实验仪器，是否如实记录数据。定期检查学习笔记与总结，检查学生的学习笔记，看其是否对重点知识进行了有效整理和总结，又能否反映出对知识的理解和思考。

（2）终结性评价。期末考试仍然保留，但试题内容应更注重考查学生对知识的综合运用和创新思维，减少死记硬背的题目，可以设置开放性的论述题或应用题，要求学生结合农业实际情况阐述化学原理。期末考试应涵盖整个学期的重点知识，包括理论知识、实际应用、实验原理等，题型可以包括选择题、填空题、简答题、计算题和论述题等。例如，在期末考试中设置一道论述题，让学生阐述化学在新型农业技术中的作用。课程论文或项目报告表现为要求学生针对某个与新农科相关的化学主题撰写课程论文或提交项目报告，考察其综合运用知识、分析问题和解决问题的能力，以及文字表达和学术规范。比如，让学生研究化学肥料对土壤生态的影响，并撰写论文。

通过将过程性评价与终结性评价有机结合，可以更全面、客观地评价学生的学习效果，促使学生在学习过程中持续努力，提高综合素质和能力。

(三)引入第三方评价

(1)企业评价。邀请农业企业的专家参与考核评价，根据企业对人才的需求和实际工作中的要求，对学生的实践能力和应用能力进行评价。例如，邀请化学相关行业的专家来校举办讲座，结束后请专家对学生在讲座中的提问、互动表现以及对相关知识的理解程度进行评价。当学生完成与农业化学相关的实践项目时，邀请行业内专家进行评审。例如，对于学生设计的农产品质量检测方案，由行业专家从实际应用角度给出评价和建议。让企业专家对学生的农业化学项目成果进行评估，并提出改进建议。与农业化学相关企业合作，为学生配备企业导师，由企业导师对学生在企业实践活动中的表现，如参与研发项目、解决生产中的化学问题等进行评价。关注企业在招聘过程中对本校毕业生的评价，了解企业对学生化学知识和技能的满意度，以及对课程培养方向的建议。学校与企业开展合作项目，企业对学生在项目中的贡献和表现行评价，如参与新型农药研发过程中的实验操作和数据分析能力。

(2)行业认证。化学行业有化学相关职业资格认证，应鼓励学生参加化学检验员、化工工程师等职业资格认证考试，以认证机构的评价结果作为第三方评价的一部分。还可以鼓励学生参与化学相关专业学会组织的竞赛、学术活动等，由专业学会对学生的表现进行评价。

(3)校友评价。邀请已经在农业化学领域工作的校友回校分享经验，并对在校学生的专业素养和发展潜力进行评价。还可以以校友问卷调查的形式进行评价，通过发放问卷的方式，收集校友对课程设置、教学内容与实际工作需求匹配度的评价和建议。

(四)设置开放性的考核内容

在新农科的时代背景之下，基础化学理论课程积极进行改革，其中一个重要的举措便是精心设置开放性的考核内容。这种开放性的考核内容突破了传统考核的局限，不再局限于对教材中固定知识点的简单重复和机械记忆，它更注重考查学生对知识的深入理解、灵活运用以及创新思维能力。例如，在考核中不再仅仅是要求学生背诵化学公式和反应机理，而是给出一个与农业生产实际紧密相关的复杂化学问题，让学生运用所学的基础化学知识，分析问题产生的原因，并提出可能的解决方案。开放性的考核内容会紧密结合农业领域的最新发展和实际需求。比如，可能会要求学生探讨如何利用化学方法提高农产品的质量和安全性，或者研究新型农业材料的化学合成与性能优化。学生需要通过查阅相关文献资料、进行实地调研，甚至开展实验研究，来形成自己的观点和结论。

考核内容也可能涉及跨学科的综合性问题，要求学生将基础化学知识与农学、生物学、环境科学等相关学科的知识进行融合。例如，让学生分析化学肥料的过度使用对土壤生态系统的影响，并从化学的角度提出可持续的土壤改良策略。设计开放性实验进行考核，让学生根据自己感兴趣的内容，运用所学的知识设计一个完整的实验，以达到解决实际问题的目的。例如，让学生根据已有知识设计试验培育抗倒伏或抗病植株。针对这样的问题导向，有的学生可能通过传统的杂交试验方法培育抗性品种，有的学生可能通过抗病基因转入获得抗性植株，还有的学生可能通过查找资料运用其他的新知识、新方法设计试验，但是最终都是为了获得抗性良好的植株。这种方式可以最大限度地激发学生的能动性。开放性的考核内容能更全面地考核学生对实验的理解和运用，有利于考查学生分析和解决问题的能力。改革后的考核制度，有利于激发学生学习的积极性，促使学生自主学习新技术和新方法。在自主思考中，认真规范地完成实验报告，对培养学生科学严谨的实验思维和创新能力都非常有效。

此外，开放性的考核内容还鼓励学生提出创新性的想法和见解。可能会要求学生设计一个全新的农业化学实验方案，或者构思一种基于化学原理的农业废弃物处理方法。在这个过程中，学生的创造力和想象力将得到充分的发挥，而不仅仅是遵循既定的标准答案。

总之，新农科背景下基础化学理论课程所设置的开放性考核内容，旨在引导学生关注农业实际问题，培养他们的综合素养、创新能力和解决实际问题的能力，能使学生更好地适应新农科发展对人才的要求。

第五章
基础化学实验课程教学改革实践

配套基础化学理论课教学内容和教学进程，独立开设的基础化学实验课体现了湖南农业大学的特色和教学改革成果。理论课教师团队和实验课教师团队的长期共同探索、交流配合，形成了极具特色的化学实验课程，得到了农科专业同学老师们的广泛好评。

第一节 持续推进基础化学实验课教学改革

一、基础化学实验课的重要性

实验教学是高等院校培养学生动手能力、专业技能、分析和解决问题能力的重要方式之一。在“改革”“创新”使命的召唤下，各高校更应该提高大学生的动手操作能力，培养大学生的创新能力，为社会输送更多专业性、创新性和实践性更强的应用型人才。“基础化学实验”是化学、农学、生物、园艺、药植、食工等专业内的一门重要的必修基础课程，是相关专业的大一新生进入大学后接触的第一门实验课程。该课程的学习主要是培养学生的动手操作能力，使学生掌握基本的实验方法和技能，通过实验验证所学的理论知识等，并在这个过程中不断培养学生独立探索、分析和解决问题的能力，培养学生的创新思维和创新能力，促使其养成良好的实验习惯和严肃认真、实事求是的科学态度，为以后专业课的学习打下坚实的基础。实验教学质量的好坏直接影响着学生后续课程的学习以及以后的科学研究开展能力。因此，如何提高实验课程的教学水平和质量，提高学生的动手操作和创新能力，一直是当前基础化学实验教学改革和探索的重要内容。

新时代充满变革与挑战，高等农林教育也面临着新的历史使命和千载难逢的发展机遇。2019 年 6 月，一批涉农高校共同提出了“北大仓行动”和“安吉共识”，这不仅标志着我国新农科建设的正式启动，而且为深化高等农林教育教学改革提供了切实可行的行动方案和路线图，既为新时代的高等农林教育指明了方向，也明确了任务。“北大仓行动”和“安吉共识”是我国高等农林教育领域的重要里程碑，高等农林教育必须与时俱进，改革创新，以适应新时代我国农业和农村发展的需求。加强新农科建设，就是要适应我国现代农业产业升级发展的需求，推进农科与其他学科的交叉融合，为培养视野开阔、知识面宽、创新探究能力强、综合素质高的现代农业领军人才而奋斗。为了实现这一目标，我们需要不断提升涉农学科的科研和国际合作能力，加强学术交流和科研合作，不断引进国际先进的教育理念和教学方法，提高教育质量和水平。同时，我们还需要加强学生实践能力和创新能力的培养，让他们在实践中不断积累经验，提高自身的综合素质和能力。

（一）基础化学实验课程是验证化学理论知识的主要途径

基础化学实验课在高等院校农科专业的教学体系中的地位举足轻重，它是一门关键的专业基础课程。这门课程涵盖了无机化学实验、分析化学实验、有机化学实验和物理化学实验四个方面的内容，构成了一个全面、系统的化学实验知识体系。基础化学实验课程在化学教育体系中占据着至关重要的地位，它不仅是传授化学理论知识的重要手段，更是将抽象的理论知识与具体的实验操作相结合的桥梁。通过这一课程的系统学习和实践，学生们能够直接观察化学反应的现象，亲手操作实验仪器，从而对化学反应原理和物质变化过程产生直观而深刻的理解。这不仅有助于加强学生对化学基本概念的记忆，而且能够提高他们解决实际问题的能力，培养他们的科学探究精神和创新思维。在基础化学实验课程中，学生们会接触到各种化学试剂和实验设备，学会正确地使用它们，并掌握实验操作的基本技巧。通过对实验现象的观察、记录和分析，学生可以对化学反应的速率和条件、物质的溶解度、反应的平衡常数等基本化学概念有更加感性的认识。此外，实验课程还能培养学生的团队合作意识，因为在实验过程中，他们需要与同学们进行交流、协作，共同完成实验任务。通过基础化学实验课程的学习，学生们不仅能够验证所学的化学理论知识，还能够提升自己的实验技能和科学研究能力，为未来在化学及相关领域的发展奠定坚实的基础。

（二）基础化学实验课程广泛涉及化学在农业领域的应用实践

基础化学实验课程深入探讨了化学知识在农业这一重要领域的实际应用和实践操作，这门课程的设计旨在为农科专业的学生提供一个宝贵的机会，让他们能够将所学的理论知识与实际的农业应用紧密结合。通过这个平台，学生们不仅能够加深对化学知识的理解，还能够在实践中提升解决问题的能力，为将来的职业生涯打下坚实的基础。在基础化学实验课程中，学生们将接触到一系列与农业紧密相关的化学实验，这些实验将帮助他们了解化学原理在农业中的具体应用。比如，通过学习肥料和农药的制备与检测，学生们将了解到这些化学制品是如何影响农作物的生长和产量的，以及它们对土壤和环境的潜在影响。此外，学生们还将学习如何利用化学方法改善土壤质量，提高农作物的抗逆性和产量。基础化学实验课程为农科专业的学生提供了一个宝贵的平台，让他们能够将理论知识与实际应用相结合，从而提升解决问题的能力，培养创新思维和团队协作精神。这些能力将为他们未来的职业生涯奠定坚实的基础，使他们成为农业领域的杰出人才。

（三）基础化学实验课程为多个农学专业实验打牢操作基础

基础化学实验课程的学习对后续农科其余专业课程的学习也将产生深远的影响。化学实验是科学研究的基础，只有掌握了化学实验的基本方法和技巧，学生才能更好地学习和理解后续的专业课程，如土壤化学、植物营养学、农药学等。同时，通过化学实验的学习，学生还可以培养自己的科学研究能力和创新意识，为将来的科研工作和农业生产实践打下坚实的基础。因此，高等院校农科专业的基础化学实验课程不仅是一门重要的专业基础课程，也是培养学生实验能力和创新意识的关键课程。我们应该高度重视这门课程的教学，努力提高教学质量和教学效果，为培养优秀的农科人才做出贡献。

二、基础化学实验课存在的问题

（一）跨多学科多专业前提下，教学内容设计缺陷

在新农科背景下，基础化学实验课程在跨多学科多专业的教学内容设计中可能存在一些缺陷。首先，跨学科主题教学面临着教师知识观、资源观、实施观和效益观的制约，这可能导致教师在主题选择、教学模式、学习方式上存在困惑和挑战。例如，教师可能会因为固有的学科知识观念和教学习惯而难以适应跨学科的教学模式，这不仅限制了教学内容的创新和整合，也可能影响学生的学习体验和效果。长期以来的分科教育模式使得教师和学生都习惯于在明确的学科界限内学习和教授知识，这可能导致跨学科教学中知识整合的困难，使之难以形成综合性的教学内容。再者，教学资源的整合也是一大难题。跨学科教学需要教师能够广泛搜集和利用各种教学资源，但在实际操作中，资源的匮乏或难以有效整合的问题常常使得教学设计难以达到预期效果。此外，教师在教学设计和实施过程中可能缺乏具体的指导和案例，这增加了教学实施的难度，也影响了教学的质量和效率。此外，实施困境也客观存在。跨学科主题教学的实施需要教师具备相应的教学设计和组织能力，但由于缺乏确切的教学手册和具体案例，教师在设计和实施教学时可能面临困难。效益困境也是跨学科教学需要面对的问题。虽然跨学科教学有利于提高学生的综合能力，但学生可能无法从中获得准确的知识以提高考试时的个人成绩，这对部分过于追求分数的学生来说可能是一种挑战。

针对农科基础化学实验教学，有研究提出了构建研究性教学模式的建议，通过优化教学内容和改革教学方法来提高学生的学习兴趣，并构建了多层次的实验教学体系，这表明在新农科背景下，化学实验教学模式的创新和改革是必要的。

综上所述，新农科背景下基础化学实验课程在跨多学科多专业前提下的教学内容设计，需要克服教师观念的转变、知识整合的挑战、教学资源的整合、教学实施的策略以及效益评估的困境等多方面问题。通过不断的探索和实践，可以逐步优化教学内容设计，以适应新时代教育的需求。

(二)教学平台的问题

在基础化学实验室中，可能会遇到一系列管理不规范、基础设施建设不到位等方面的问题，这些问题可能影响实验教学和科研工作的效率与质量。

(1)实验材料与试剂管理不规范。实验室可能缺乏标准化的材料和试剂管理制度，导致材料和试剂的存储、标识、使用记录不明确，过期或损坏的试剂未能及时处理，影响实验的准确性和安全性。

(2)实验室人员培训不到位。实验室工作人员和学生可能没有接受足够的安全操作和实验技能培训，导致操作不当、实验结果不准确或实验安全事故等问题频发。

(3)信息化建设不足。实验室在信息化管理方面可能存在缺陷，如缺少实验室信息管理系统，导致无法有效追踪实验材料使用情况、实验进度和实验结果，影响实验室工作效率。

(4)设备与仪器采购较少。实验室可能面临设备和仪器数量不足、更新换代不及时的问题，这限制了实验的种类和规模，影响了实验质量和科研创新结果。

(5)实验室环境和安全问题。实验室可能存在环境条件控制不严格、安全设施不完善等问题，如通风不良、紧急喷淋和洗眼设施缺乏，增加了实验操作的安全风险。

(6)实验室资源分配不均。实验室资源可能没有根据实验需求和优先级进行合理分配，导致部分实验因资源不足而延期或无法开展。

(7)实验室文化和规范缺失。实验室可能缺乏一种积极、规范的实验室文化，工作人员和学生对实验室规则和操作规程的遵守程度不够，影响了实验室的整体运营效率。

(8)实验室废物处理不当。实验室可能没有建立有效的化学废物处理和回收系统，导致废物堆积，增加了环境污染和安全风险。

为了解决这些问题，实验室需要建立和完善管理制度，加强人员培训，提升信息化水平，合理规划设备和仪器的采购与更新，改善实验室环境和安全设施，优化资源分配，并培育积极的实验室文化。同时，建立严格的废物处理和回收程序，确保实验室的可持续发展。

（三）教学模式的问题

（1）理论与实践分离。

在某些情况下，实验教学可能过于侧重于操作技能的培养，而忽视了理论知识与实验操作之间的联系，导致学生难以理解实验的原理和意义。在基础化学实验课程中，理论与实践分离的问题表现为实验操作往往被视为机械的步骤执行，缺乏与化学理论的深入联系，导致学生对实验的科学意义和目的理解不足。这种分离导致理论课程与实验课程之间缺乏有效衔接，学生在理论课上学到的知识在实验中得不到应用和验证。实验设计通常固定而缺乏创新性，学生很少有机会自行设计实验来探究问题或验证理论。实验结果的分析和讨论也往往不够深入，学生难以通过实验过程深入理解化学原理。此外，教学评价体系可能过于侧重操作技能和结果准确性，而忽视了学生对理论知识的掌握和应用。教学资源和时间的分配可能倾向于理论教学，而实验教学得不到应有的重视。

（2）缺乏创新和探究性学习。

传统的教学模式可能过于依赖固定的实验流程和标准答案，这限制了学生的创造性思维和探究能力的发展。实验教学过于依赖传统的、固定的实验流程和方法，导致学生在实验过程中缺乏自主探索和创新的机会。这种模式下，学生可能只是按照既定的步骤进行操作，而没有机会提出自己的假设、设计自己的实验方案或对实验结果进行深入分析和质疑。

此外，教学内容可能过于注重实验操作的标准化和结果的一致性，而忽视了学生批判性思维和解决问题能力的培养。学生可能很少有机会参与开放性问题的探讨，也很少在实验中应用跨学科的知识和技能。

教学方法可能单一，缺乏互动性和多样性，不足以激发学生的学习兴趣和参与度。教师可能未能充分利用讨论、合作学习和基于项目的学习等教学策略，来促进学生的主动学习和探究。

（3）教学方法单一。

如果教学方法过于单一，不能满足不同学习风格和需求的学生，可能会影响学生的学习兴趣和效果。学生可能被要求反复执行相同的实验步骤，而缺乏探索和创新的空间，这可能导致学生对实验课感到枯燥乏味。课堂上可能缺少师生互动和学生之间的合作学习，学生在实验过程中可能没有足够的机会讨论和交流想法。单一的教学方法可能无法满足不同学习风格和能力水平的学生需求，导致部分学生无法充分理解或参与实验。实验教学可能没有将化学知识与现实世界的问题和情境联系起来，导致学生难以体会学习的实际应用。

(4)评估和反馈机制不足。

缺乏有效的评估和反馈机制可能导致学生无法及时了解自己的学习进展和存在的问题，也使得教师难以调整教学策略。评价体系可能过于侧重实验结果的准确性和操作的规范性，而忽视了对学生创新思维和探究能力的评价，这可能导致学生在实验中采取保守的态度，避免尝试新的方法或提出创新的想法。

(四)考核模式的问题

在新农科背景下，基础化学实验课程作为农业科学教育的重要组成部分，其考核模式可能存在以下问题：

(1)考核模式不完善。考核模式可能没有全面覆盖学生在实验课程中应掌握的各项技能和知识点。例如，可能过分侧重实验结果的准确性，而忽视了对实验设计、数据处理和分析能力的评估。

(2)考核模式过于主观。考核过程中可能存在教师主观判断的偏差，这可能导致评分标准不一致，影响考核的公正性和客观性。

(3)实验易于操作。如果考核模式过于简单或者标准化，学生可能会找到捷径来应对考核，而不是真正掌握实验技能和知识。例如，如果实验报告的评分主要依据格式而非内容的深度和创新性，学生可能会过分关注报告的格式而忽视实质性的研究。

(4)缺乏创新性评价。考核模式可能未能有效评价学生的创新思维和解决问题的能力。在新农科教育中，创新能力是非常重要的，但传统的考核方式可能无法充分激发和评价这一点。

(5)忽视过程评价。考核可能过分关注实验结果，而忽视了实验过程中学生的表现，如实验操作的规范性、实验设计的合理性等。

(6)缺乏实践与理论的结合。考核可能没有很好地将实验操作与理论知识结合起来，导致学生在实验中无法将所学理论知识应用到实践中。

(7)反馈机制不健全。考核后可能缺乏有效的反馈机制，学生无法及时了解自己的不足和需要改进的地方。

(8)资源和设施限制。实验设施和资源的限制可能影响考核的实施，特别是需要使用昂贵设备或特殊材料的实验。

三、基础化学实验课教学目标调整

在新农科背景下，基础化学实验课程的教学目标调整应聚焦于培养学生的自主学习能力、创新思维和解决实际问题的能力。调整后的教学目标更加注重实践性和应用性，旨在使学生能够在化学实验中掌握关键的科学原理，并将其应用于农业科学的研究与创新。这种调整体现了对农林高校化学实验教学中存在的问题的深刻理解，强调通过优化教学内容和改革教学方法来激发学生的学习兴趣，并构建起包括基础实验、综合设计性实验、研究性实验和创新实验在内的多层次实验教学体系。

同时，新农科专业的设置原则强调对接重大需求，如粮食安全、乡村振兴、生态文明等，以及面向世界科技发展最前沿，培养急需紧缺的农林人才。这要求基础化学实验课程不仅要教授化学知识，还要引导学生理解化学在农业和环境科学中的应用，以及通过化学手段促进农业可持续发展和生态文明建设的方法。

此外，教学改革的深入推动要求课程内容和教学体系以人才培养目标为导向，强化实践类课程建设，及时融入农林科技发展的前沿成果，构建数字化教育新模式，并完善课程考核评价体系，培养学生的创新意识和能力。这表明，基础化学实验课程需要不断更新，以适应新农科教育的需求，促进学生的全面发展。

第二节　基础化学实验课教学内容改革

一、实验课知识体系构建

(一)四大化学之间的区别与联系

四大化学作为化学学科的核心，不仅各自独立发展，而且在多个层面上相互融合和促进，形成了化学科学的丰富多样性和强大的应用能力。

有机化学的研究并没有局限于基础的化学键合和反应机理，还扩展到了有机分子的复杂结构和功能，如生物大分子、超分子化学以及有机纳米结构。这些研究不仅加深了我们对生命现象的理解，也为新型有机材料的开发提供了理论基础。无机化学不仅关注传统的金属和非金属化合物，还涵盖了固体化学、配位化学和生物无机化学等领域。无机化学在能源存储、催化和材料科学中的应用，展示了其在现代科技发展中的关键作用。物理化学作为连接化学与物理学的桥梁，其研究范围广泛，包括但不限于化学动力学、量子化学计算、胶体与界面化学等。物理化学的发展推动了人们对分子和原子层面过程的深入理解，为新材料的设计和优化提供了科学依据。分析化学发展极大地提高了化学分析的灵敏度和准确性，使得科学家能够追踪和测量极微量的化学物种。现代分析化学不仅局限于实验室内，还广泛应用于环境监测、食品安全、临床诊断等领域。

在新农科背景下，农业院校的四大化学——有机化学、无机化学、分析化学和物理化学之间的联系主要体现在以下几个方面：

(1)综合知识体系。四大化学共同构成了农业科学教育的知识基础，为学生提供了全面的化学理论、方法和技能，能帮助他们理解农业生态系统中的化学过程。

(2)学科交叉融合。在新农科的推动下，四大化学不再是孤立的学科，而是相互渗透和融合，共同解决农业生产、食品安全、环境保护等复杂问题。

(3)农业技术创新。四大化学为农业技术创新提供了理论支持和方法指导，如新型肥料、农药、生物活性物质的合成与应用，以及农产品的加工和质量控制。

(4)环境与生态保护。四大化学在环境保护和生态农业中发挥着重要作用，通过研究土壤、水质、大气中的化学成分，为农业可持续发展提供科学依据。

(5)食品安全与营养。分析化学在食品安全检测、营养成分分析等方面具有重要作用，而有机化学和无机化学则为食品添加剂、营养强化剂的开发提供支持。

(6)教育模式创新。新农科背景下的农业院校化学教育更加注重实践教学和创新能力培养，鼓励学生跨学科学习和研究，以适应现代农业发展的需求。

(7)科研与产业结合。四大化学在农业科研和产业发展中发挥着桥梁作用，通过与农业企业、研究机构的合作，推动化学研究成果的转化应用。

(8)国际视野与本土实践。新农科背景下的农业院校化学教育注重培养学生的国际视野，同时强调本土农业实践，使化学知识与地方农业生产相结合。

(9)应对全球挑战。四大化学在应对全球性挑战，如气候变化、粮食安全、能源危机等方面发挥着重要作用，为农业适应和缓解这些挑战提供了科学支持。

总之，在新农科背景下，农业院校的四大化学之间的联系更加紧密，它们相互促进，共同为农业科学的发展和创新提供了坚实的基础。

(二)与后续课程的衔接

四大化学分支与后续课程的衔接是化学教育中的重要组成部分，能确保学生在已有知识的基础上，继续深入学习和掌握更高级的化学概念和技能。

(1)有机化学的衔接。

在农林高校中，有机化学作为一门基础课程，对不同专业的学生来说，其学习内容和深度可能会有所不同，以适应不同专业的需求。所有专业在大一阶段都应该学习有机化学的基础知识，包括有机化合物的命名、结构、基本性质和反应类型等。这为后续专业课程提供了必要的化学背景。进入大二后，根据不同专业的具体需求，有机化学课程可以进行适当的调整和深化。例如，对于农学专业的学生，可以增加有关农药化学、植物化学成分等方面的内容；对于食品科学专业的学生，则可以加强食品添加剂、食品化学等方面知识的学习。鼓励学生将有机化学的理论知识应用到实践中，比如通过实验室课程、项目研究等方式，让学生在实践中加深对有机化学知识的理解。

(2)无机化学的衔接。

在农林高校中，无机化学作为化学学科的基础课程，对不同专业的学生来说，其教学内容和方法需要根据专业特点进行适当的调整和衔接。大一阶段，所有专业学生都应学习无机化学的基本概念和原理，如原子结构、化学键、周期表、化学反应类型等，为后续学习打下坚实的基础。进入大二后，根据各专业的特点和需求，应对无机化学的教学内容进行调整。例如，农学专业可能需要更多关注土壤化学和植物营养，而环境科学专业可能需要了解污染物的化学性质和处理方法。无机化学实验是理论与实践相结合的教学环节，通过实验课程，学生可以加深对无机化学反应和物质性质的理解，培养实验操作和数据分析的能力。

(3)分析化学的衔接。

分析化学是农林高校中重要的基础课程之一，它为学生提供了定量分析物质的理论和方法。不同专业的学生在分析化学课程衔接上的侧重点有所不同。所有专业学生都应学习分析化学的基础知识，包括分析化学的基本概念、定量分析方法、误差分析、数据处理等。根据各专业的特点，可对分析化学课程内容进行定制。例如，农学专业可能需要更深入地了解土壤和植物分析，食品科学专业可能需要学习食品成分分析，环境科学专业可能需要掌握环境污染物的分析方法。通过实验课程，学生的实验操作技能和数据分析能力可以得到强化。实验内容可以根据专业需求进行调整，以确保学生能够掌握与其专业相关的分析技术。鼓励学生探索分析化学与其他学科的交叉领域，如生物分析化学、环境分析化学等，以拓宽学生的知识视野。提供与分析化学相关的选修课程，供学生根据自己的兴趣和专业需求进行选择，以深化学生的专业知识。

四大化学分支为学生的终身学习奠定了基础，使他们能够适应化学科学的发展和不断变化的学术及工业需求。通过这种层次化和逐步深入的课程设置，学生不仅能够巩固和扩展他们在基础化学领域的知识，还能够培养解决复杂化学问题的能力，并为未来的学术或职业生涯做好准备。

(三)共性知识与学科交叉

基础化学实验的共性知识构成了化学实验教学的核心，为学生提供了进行化学研究和应用的基础技能和理解。同时，化学实验的学科交叉性体现了化学与其他科学领域的相互联系和融合。四大化学，即有机化学、无机化学、分析化学和物理化学，构成了化学学科的核心，它们之间的共性知识和学科交叉表现在多个层面：

(1)基础理论的融合。所有化学分支都建立在原子理论、化学键和分子结构等基础概念之上，这些理论为理解化学反应和物质性质提供了统一的框架。要了解和遵守实验室安全规则，使用个人防护装备，处理危险化学品和应对紧急情况。掌握溶液配制、滴定、萃取、蒸馏、过滤等基本化学实验操作。熟悉和正确使用各种化学实验仪器，如天平、pH 计、分光光度计、色谱仪等。学习如何记录实验数据、进行数据分析和结果解释。理解化学反应的基本原理，包括化学平衡、动力学、热力学等。掌握设计实验的基本原则，包括实验目的、方法选择、变量控制等。培养观察、假设、实验、分析和推理的科学思维方法。

（2）方法和技术的通用性。无论是有机合成、无机材料的制备，还是分析化学的检测和物理化学的热力学计算，许多实验方法和技术在不同化学分支中都有应用。

（3）跨学科的应用。化学知识在生物学、材料科学、环境科学、医药学等领域都有广泛的应用，四大化学通过提供基础理论和分析方法，支持这些学科的发展。与生物学交叉，在生物化学实验中，化学技术用于分析生物分子结构和功能。与物理学交叉，在物理化学领域，研究物质的物理性质与化学行为之间的关系，如量子化学计算。与材料科学交叉，化学实验在新材料的合成和表征中发挥关键作用，如纳米材料、超导材料等。与环境科学交叉，环境化学实验关注污染物的分析、环境过程的模拟和环境保护技术的开发。与医学交叉，药物化学实验研究药物的合成、纯化和药效评估。与工程学交叉，化学工程实验关注化学反应过程的放大、控制和优化。与信息科学交叉，化学信息学结合化学、计算机科学和信息学，用于化学数据的管理和分析。与农业科学交叉，农业化学实验研究土壤肥力、植物营养和农药的作用机制。

（4）研究方法的交叉。现代化学研究中，经常需要综合运用四大化学的理论和方法，例如，通过物理化学的热力学数据指导有机合成反应的条件，或利用无机化学的材料进行分析化学的检测。

二、重构实验课教学内容

（一）过时实验的废除与新型实验的开设

在基础化学实验课程内容的更新与发展中，过时实验的废除与新型实验的开设是教育适应时代需求、科技进步和教学理念变化的重要体现。随着科学技术的不断进步，一些传统的实验方法可能因操作复杂、效率低下、安全隐患或与现代教育理念不符而变得不再适用。因此，教育者需要重新审视并淘汰这些过时的实验，同时引入与现代科学技术发展同步的新型实验。

新型实验的开设通常具有以下特点：强调学生的主动探索和创新能力培养，利用现代化的实验技术和设备，如模拟软件、传感器技术、自动化分析仪器等，提高实验的效率和安全性；注重理论与实践的结合，将化学原理与现实世界问题相联系，增强实验的实用性和教育意义；促进学科交叉，将化学实验与其他学科如生物学、物理学、材料科学等领域相结合，拓宽学生的视野。

此外，新型实验还可能包括绿色化学实验，强调使用无毒无害的原料，减少废物的生成，提高原料的利用率，培养学生的环保意识和可持续发展理念。通过这样的改革，基础化学实验课程能够更好地激发学生的学习兴趣，提高他们的科学素养，为他们未来的学术研究或职业生涯打下坚实的基础。

（二）实验的编排与设计

基础化学实验课程内容的编排与设计需要综合考虑多个方面，确保实验活动能够有效地支持学生达到既定的学习目标。这包括确保实验与教育目标的一致性，按照学生的认知水平和学习进度进行由浅入深的实验设计，以及将化学理论与实验操作相结合，加深学生对理论知识的理解和应用。

同时，实验内容应包含多样化的实验类型，如演示实验、操作实验、设计性实验和研究性实验，以适应不同学习阶段和能力层次的学生需求。安全性是设计实验时的重要考虑因素，应避免使用高毒性和高危险性的化学品和方法，可以采用安全的替代方案。

引入新型实验，以反映化学领域的最新进展，激发学生的创新意识和探索精神，同时促进学科交叉融合，设计跨学科的实验项目，拓宽学生的知识视野。实验资源的优化利用，以及建立有效的实验评估体系，都是实验设计的关键组成部分。

此外，实验设计应具有灵活性，能够根据学生的学习情况做出调整，确保每个学生都能获得个性化的学习体验。融入绿色化学和可持续发展的理念，培养学生的环境意识和社会责任感，也是现代化学实验设计的重要方向。通过这样的编排与设计，基础化学实验课程能够更有效地培养学生的科学素养，激发他们的学习兴趣，并为他们未来的学术研究或职业生涯打下坚实的基础。

（三）与前沿科学进展的关联

基础化学实验课程内容与前沿科学进展紧密关联，要确保学生不仅掌握化学基础知识和实验技能，而且能够理解化学在现代科技中的重要作用和应用。化学作为一门中心科学，对科技领域的发展起到了强有力的支撑和推动作用，特别是在材料、能源、环境、生命健康以及资源与可持续发展等问题上。当前，许多科技创新活动面临的“卡脖子”问题本质上是化学问题，如微纳加工技术、芯片加工技术的光刻胶、特高纯化学试剂等。

随着人工智能技术的加持，化学研究正在经历一场变革，精准智能化学曙光已现。AI在化学合成中驱动的机器人平台能够在数天内完成原本数十年的实验任务，极大地提升了化学研究的速度和精度。此外，化学科研范式正在发生深刻变革，计算机技术的迅猛发展和广泛应用加速了化学研究的蓬勃发展。化学研究将更加“智能”，实现高度可控、可调、可预测的成果。

在化学实验教学中，融入前沿科学进展有助于激发学生的兴趣和创新思维，使他们积极参与到化学领域的研究和探索中来。例如，通过使用现代化学实验技术和方法，如智能量子计算机、单分子器件的研究，以及精准化学的概念，学生可以更深入地理解化学原理，并掌握在实际应用中运用这些原理的方法。此外，精准化学研究能够实现更高选择性、更高精度、更高效、更经济以及更加环境友好的成果，这对于推动测量科学、可持续材料、信息材料、药物、能源、环境科学和其他化学及化学相关领域的发展和创新具有重要意义。

总之，基础化学实验课程内容的更新需要与化学科学的新发展同步，通过整合前沿科学进展来丰富教学内容，提高学生的科学素养和创新能力，为未来的科学研究和技术创新培养具有国际视野和竞争力的人才。

第三节　基础化学实验课教学平台改革

在新农科背景下，搭建基础化学实验课程教学的化学类新型实验室可以按照以下步骤进行。

（一）规划与设计

明确教学目标和需求，根据新农科的培养要求，确定实验室要支持的实验课程内容和学生需要掌握的实验技能。空间布局规划上合理划分实验室区域，包括实验操作区、仪器设备存放区、准备区、讨论区等。例如，将危险性较高的实验操作区与一般性操作区分开，以确保实验安全。安全设施设计，安装通风系统、紧急喷淋装置、防火设备等，以确保实验室符合安全标准。

（二）设备与仪器采购

更新基础实验设备，添置先进且精准的化学分析仪器，如高效液相色谱仪、气相色谱仪等。引入农业化学特色设备，如针对新农科需求，添置与农业相关的检测和分析设备，包括土壤养分测定仪、农产品质量检测设备等。配备虚拟实验系统，可以让学生在虚拟环境中进行高风险或难以实际操作的实验。

（三）信息化建设

建立具备在线预约、实验课程安排、成绩管理等功能的系统，安装能够实时采集和分析实验数据的软件，提高实验效率和数据准确性。通过远程教学与监控系统，实现教师对学生实验过程的远程指导和监督。信息化建设具体表现为以下几点：实验教学管理系统有在线课程预约模块，学生能够通过网络平台自主选择实验课程的时间和项目，系统将自动根据实验室的容纳量和设备使用情况进行合理安排，避免课程冲突和资源浪费。教师可以在系统中方便地制定实验教学计划，包括课程内容、教学目标、实验步骤等，并及时向学生发布，让学生提前做好预习和准备；成绩管理与统计可以实现对学生实验成绩的自动化录入、计算和分析。教师可以根据不同的考核指标为学生打分，系统将自动生成总成绩和统计报表，以便于对学生的学习情况进行全面评估和跟踪。此外，应用实验数据采集与分析系统。在实验设备上安装传感器和数据采集装置，能够实时收集实验过程中的各种数据，如温度、压力、浓度等。配备强大的数据分析工具，学生和教师可以对采集到的数据进行快速处理和分析，绘制图表、拟合曲线，揭示数据背后的规律和关系。学生之间可以共享实验数据，进行对比和讨论，促进相互学习和交流。教师也可以通过查看多个学生的数据，发现共性问题和个体差异，进行有针对性的指导。最后还可以运用远程教学与监控系统。比如远程教学功能，教师可以通过视频会议、在线直播等方式，为学生进行远程实验讲解和演示。学生在家或其他场所也能参与实验课程，突破时间和空间的限制。实验过程监控可以利用摄像头和监控软件，教师可以实时观察学生的实验操作过程，及时发现错误和不规范的操作，通过语音或文字提醒学生进行纠正，确保实验安全和准确性。搭建远程互动交流平台，学生在实验中遇到问题可以随时向教师提问，教师能够及时给予解答和指导。

（四）实验材料与试剂管理

建立规范的库存管理，对常用和特殊的实验材料、试剂进行分类存放和管理，确保库存充足且质量可靠。选择环保、低毒的试剂，减少对环境的污染。

建立规范的库存管理表现为分类存放，按照化学性质、危险程度、使用频率等对实验材料和试剂进行分类。例如，将易燃易爆的试剂存放在专门的防火防爆柜中，将易制毒、易制爆试剂存放在符合安全标准的特殊存储区域，并进行严格的出入库登记。还要为每一种实验材料和试剂建立详细的库存档案，包括名称、规格、数量、生产日期、保质期、采购来源等信息。每次出入库都要进行准确记录，确保库存数据的实时更新和准确性。同时也要定期盘点，制定定期盘点制度，对库存的实验材料和试剂进行清点和核对，及时发现过期、变质或损坏的物品，并按照规定进行处理。贯彻绿色化学理念，在采购实验材料和试剂时，优先选择对环境友好、低毒、低污染的产品。例如，选用可生物降解的溶剂替代传统的有机溶剂，减少对环境的危害。推广微量实验与微型化技术，鼓励教师和学生采用微量实验和微型化技术，减少实验过程中材料和试剂的使用量，这样不仅可以降低实验成本，还能减少废弃物的产生。建立完善的实验废弃物处理制度，对实验过程中产生的废弃物进行分类收集和处理。对于可回收利用的废弃物，进行回收处理；对于危险废弃物，委托专业的环保公司进行处置，确保符合环保要求。质量控制与安全检测也必不可少，通过供应商评估，对实验材料和试剂的供应商进行严格评估，选择信誉好、产品质量可靠的供应商。定期对供应商进行审查，确保其提供的产品始终符合质量标准。在实验材料和试剂入库前，进行质量检验和安全检测，检查包装是否完好、标识是否清晰、产品是否在保质期内，并对关键指标进行检测，确保其质量符合实验要求。安装温湿度监控设备，对存储实验材料和试剂的环境条件进行实时监控，确保存储环境符合要求，防止因环境因素导致材料和试剂变质或失效。

还要进行成本控制与预算管理，根据实验课程的教学计划和预计的学生人数，合理编制实验材料和试剂的采购预算，考虑到价格波动和市场变化，要预留一定的弹性空间。定期对实验材料和试剂的使用成本进行分析，找出成本较高的项目和环节，采取措施进行优化和控制。例如，通过批量采购、与供应商谈判等方式降低采购成本。推广节约措施，鼓励教师和学生在实验过程中采取节约措施，避免浪费。例如，精确计算试剂的使用量，合理安排实验步骤，减少不必要的消耗。

通过以上对实验材料与试剂管理的全面规划和实施，可以提高管理效率，保障实验教学的顺利进行，同时减少对环境的影响，实现可持续发展。

（五）实验室人员培训

人员培训主要分为教师培训和学生培训，组织教师参加新设备、新技术的培训，提升教师的实验教学能力；组织学生开设实验室安全和操作规范的培训课程，确保学生能够正确、安全地使用实验室设备。具体表现为：

（1）教师培训。邀请化学领域的专家或企业技术人员，为教师介绍最新的实验技术和方法，如先进的仪器操作、新型实验设计思路等。例如，组织关于高效液相色谱-质谱联用技术在农药残留检测中的应用培训。进行教学理念与方法更新，参加教育教学方面的研讨会或培训课程，学习以学生为中心、项目式学习、问题导向学习等先进的教学理念和方法，并应用于实验教学中。比如，学习如何引导学生通过自主探究解决实验中的问题。拓展农业化学专业知识，参加农业化学相关的学术会议、研修班，了解农业领域的最新研究成果和应用案例，丰富教师在农业化学方面的知识储备。例如，参加关于新型绿色肥料研发的学术讲座。开展实验室安全管理培训，学习最新的实验室安全法规、标准和操作规范，掌握实验室事故的预防与应急处理方法，确保实验教学过程中的安全。比如，进行实验室危险化学品泄漏应急演练培训。提升信息化教学技能，通过培训熟练使用实验教学管理系统、数据分析软件、远程教学平台等信息化工具，提高教学效率和质量。例如，学习如何利用虚拟实验室软件开展线上实验教学。

（2）学生培训。通过讲座、视频、手册等多种形式，向学生传授实验室安全规则、常见危险的识别与防范、个人防护用品的正确使用等知识。例如，组织学生观看实验室安全事故案例视频，并进行分析讨论。在学生正式进入实验课程之前，安排专门的课程进行基础实验操作的训练，如移液器的使用、溶液的配制、仪器的校准等。比如，让学生在模拟实验环境中反复练习准确量取液体的操作。培养学生数据处理与分析能力，教授学生正确使用常用的数据处理软件，如 Excel、Origin 等，以及基本的统计学方法，帮助学生对实验数据进行科学的处理和分析。例如，指导学生运用统计学方法判断实验数据的可靠性。培养学生团队协作与沟通能力，通过小组实验、项目式学习等方式，培养学生在实验中的团队协作和沟通能力。例如，组织学生分组完成一个综合性的实验项目，要求小组成员分工合作、共同解决问题。启发学生的科研素养与创新思维，举办学术报告、科研经验分享会等活动，激发学生对科研的兴趣，培养学生的创新思维和科学探索精神。比如，邀请优秀的学长学姐分享他们在科研项目中的经历和收获。

通过全面、系统的人员培训，教师的教学水平和学生的实验能力可以得到有效提高，从而为新农科背景下基础化学实验课程教学平台改革的顺利推进提供有力的人才支持。

新农科背景下，基础化学实验课程教学平台改革中的“环境营造”极为重要，首先要有文化建设，通过化学历史与成就展示，在实验室的走廊或休息区域，通过展板、图片等形式展示化学学科的发展历程，以及重要的化学发现和发明对农业生产的推动作用。例如，介绍化肥的发明如何极大地提高了农作物的产量。其次是农业化学应用案例展示，展示基础化学在农业领域的具体应用案例，如新型农药的研发、土壤改良的化学方法等。可以通过实物模型、多媒体资料等方式进行呈现，让学生直观地感受到化学在农业中的重要性。再次是重视科学家精神宣传，介绍著名化学家和农业科学家的事迹和精神，激励学生追求科学真理、勇于创新。例如，张贴科学家的照片和名言，讲述他们在科研道路上克服困难的故事。第四是设置学生成果展示区，设立专门的区域展示学生在实验课程中的优秀成果，如创新的实验设计、优秀的实验报告等，增强学生的成就感和自信心。此外，舒适性考虑也很重要，可以通过空间布局优化，合理规划实验室的空间，确保实验台之间有足够的间距，方便学生操作和行走。同时，还要设置合理的通道宽度，以保证紧急情况下的疏散安全；改善照明与通风，采用充足而均匀的照明设备，保证实验操作区域光线明亮，无阴影和眩光；安装高效的通风系统，及时排出实验过程中产生的有害气体和异味，保持室内空气清新；调节温度与湿度，根据实验的需要和人体的舒适度，配备合适的空调系统，维持实验室稳定的温度和湿度条件；设计座椅与工作台，选择符合人体工程学的座椅和工作台，减少学生长时间实验操作的疲劳感，工作台的高度和角度应可调节，以适应不同身高和操作需求的学生；设置休息与交流区域，在实验室附近设置舒适的休息区域，配备沙发、茶几等设施，供学生在实验间隙休息和交流。同时，可以在休息区域放置与化学和农业相关的书籍、杂志，方便学生阅读和学习。

通过以上环境营造的措施，可以为学生和教师创造一个既具有浓厚学术氛围，又舒适宜人的实验教学环境，有助于提高教学效果和学生的学习积极性。

(六)合作与交流

(1)校内合作与交流。跨学科团队组建，联合化学、农学、生物学等相关学科的教师和研究人员，共同参与实验室的规划和设计。例如，化学教师提供实验技术和方法的专业知识，农学教师则从农业应用的角度提出需求和建议。成立跨学科的实验教学团队，共同开发和优化实验课程内容。比如，设计融合化学原理与农业生产实际的实验项目。学院间资源共享，不同学院之间共享实验设备和仪器，提高设备的利用率。比如，农学学院的某些大型分析仪器可以供化学实验课程使用。互相开放实验室，促进学生在不同学科实验室中的交流和学习。师生互动交流，建立定期的师生研讨会，讨论实验课程中的问题和改进案。教师可以分享最新的研究成果和实验方法，学生则可以反馈实验过程中的困难和想法。鼓励教师参与学生的实验项目，给予实时指导和建议。

(2)校外合作与交流。与农业相关企业建立合作关系，共同搭建实验室。企业可以提供资金支持、实际生产中的案例和需求，学校则可以提供科研力量和人才培养。例如，与农药生产企业合作，开发检测农药残留的实验项目。建立实习基地，让学生到企业中实践，了解化学在农业产业中的应用。与科研机构合作，参与科研机构的项目，获取前沿的研究成果和技术，应用于实验室的建设和实验课程的更新。邀请科研机构的专家来校举办讲座和培训，拓宽师生的视野。校际交流，与其他高校开展实验室建设和实验教学的交流活动，互相借鉴经验。比如，组织教师和学生到兄弟院校参观学习。开展校际联合实验项目，共同解决农业化学领域的问题。

(3)国际合作与交流。引进国际先进理念和技术，关注国际上新农科领域的发展动态，引进先进的实验室建设理念和实验教学方法。引进国外的先进实验设备和技术，提升实验室的硬件水平。参与国际合作项目，积极参与国际合作科研项目，在项目中提升实验室的研究能力和国际影响力。开展国际联合实验课程，培养具有国际视野的学生。

总之，在新农科背景下基础化学实验课新型实验室的搭建中，通过广泛而深入的合作与交流，可以整合各方资源，提升实验室的建设水平和教学质量，培养适应新时代需求的农业化学人才。

(七)评估与持续改进

首先要建立评估指标体系。以教学效果评估学生的学习成果。通过考试成绩、实验报告质量、实践操作能力考核等来评估学生对化学知识和实验技能的掌握程度。例如，设定一定比例的实验操作考试，要求学生在规定时间内完成特定的实验任务，并根据操作规范和结果准确性进行评分。评估学生的满意度，通过问卷调查、学生座谈会等形式收集学生对实验课程内容、教学方法、实验室设备和环境等方面的满意度和意见。比如，设计包含多个维度的满意度调查问卷，如实验内容的趣味性、设备的易用性等。评估实验室资源利用，统计实验设备的使用时间、使用频率等数据，评估设备是否得到充分利用，可以通过安装设备使用记录系统来自动收集相关数据。检查试剂和材料消耗合理性，监控试剂和材料的消耗情况，判断是否存在浪费或不合理使用的现象。

评估教学团队和教师教学能力，通过同行听课、学生评教、教学成果展示等方式评估教师的教学水平和教学方法的有效性。例如，定期组织教师之间的互相听课和评课活动。评估教师的专业发展，关注教师参加培训、学术交流和科研项目的情况，以评估其专业知识的更新和提升。

其次可以进行定期评估。每学期结束后，对本学期的实验课程教学、实验室运行情况进行全面评估。分析学生的学习成绩数据，总结教学中的优点和不足。每年对实验室的整体建设和发展进行评估，对比年度目标和实际完成情况，评估实验室在资源配置、教学质量提升等方面的进展。也要收集反馈信息。设立专门的意见箱或在线反馈平台，鼓励学生随时提出对实验课程和实验室的建议。组织学生代表座谈会，直接听取学生的声音。召开教师教学研讨会，让教师分享教学中的经验和问题。鼓励教师撰写教学反思和总结。定期邀请校外专家来实验室参观和评估，获取专业的意见和建议。制定改进措施，根据评估结果和反馈信息，制定针对性的改进措施。对于教学效果不理想的部分，调整实验课程内容和教学方法，比如，如果学生在某个实验操作上普遍存在问题，可以增加相关的练习和指导。对于设备使用率低的情况，优化设备预约和管理系统，或者开展相关的培训，提高师生对设备的使用能力。明确改进的目标和时间表，将责任落实到具体的人员。对改进措施的实施进行跟踪和监控，确保其有效执行。

最后形成持续改进的文化。在实验室内部营造重视评估和改进的氛围，让师生都认识到这是提升教学质量和实验室发展的重要途径。对在评估和改进工作中表现出色的师生给予表彰和奖励，激励更多人积极参与。例如，某新农科基础化学实验课新型实验室在首次学期评估中发现，学生对实验设备的操作不熟练，导致实验结果不理想。通过收集学生和教师的反馈，发现是由于设备操作培训不足。于是，实验室制定了增加设备操作培训课程和提供在线操作指南的改进措施，并在后续学期中跟踪评估改进效果，发现学生的操作熟练程度明显提高，实验教学效果得到了显著提升。

通过以上持续评估与改进的方法和措施，可以不断优化新农科背景下基础化学实验课新型实验室的搭建和运行，更好地服务于教育教学和人才培养。

第四节 基础化学实验课教学模式改革

一、建立虚拟实验操作

(一)选择合适的虚拟实验平台

(1)评估平台功能。对市面上的虚拟实验平台进行评估，选择功能齐全、涵盖基础化学实验内容丰富、操作界面友好的平台。例如，一些平台能够提供逼真的实验场景模拟、详细的实验步骤引导、实时的实验数据反馈等功能。考虑兼容性，确保所选平台能够兼容学校的教学管理系统和学生使用的各类设备，如电脑、平板等，方便学生随时随地进行实验操作。明确需求和目标，分析教学大纲和课程要求，确定基础化学实验课程所需涵盖的知识点、实验技能以及与新农科相关的特定内容。考虑学生的学习水平和能力，了解学生的先验知识、计算机操作技能和对虚拟学习环境的适应程度。确定平台应支持的教学方法，例如自主学习、协作学习、探究式学习等。检查平台是否包含全面的基础化学实验项目，尤其是与农业化学相关的特色实验，比如土壤酸碱度测定、农药成分分析等实验。考虑学生的交互性和操作体验，平台应提供直观、易用的操作界面，允许学生进行真实感强的实验操作，如试剂添加、仪器调节等。评估实验现象、数据结果的模拟是否准确和符合实际化学原理，教学辅助功能是否具有实验步骤引导、知识点讲解、错误提示、实验报告生成等功能。评估系统能对学生的实验操作和结果进行客观准确的评价，提供及时的反馈。

（2）技术要求和兼容性。确保平台在大量用户同时使用时仍能稳定运行，避免出现卡顿、掉线等问题。建立设备兼容性，支持多种操作系统（如Windows、Mac、移动端）和主流浏览器，方便学生在不同设备上使用。满足网络要求，考虑平台在不同网络环境下的运行效果，尽量降低对高带宽的依赖。平台提供配套的实验教材、参考书籍或在线学习资源。拥有丰富的实验案例库，并能够定期更新实验内容，以跟上化学领域和新农科的发展。

（3）考虑成本和预算。了解平台的使用许可费用模式，包括按学生人数、使用时长或一次性购买等方式。考虑后续可能产生的维护费用和平台升级的额外支出。参考其他学校和用户的评价，了解其他教育机构使用该平台的经验和反馈，申请试用，在做出最终决定前，争取试用机会，让教师和学生实际体验平台的功能和操作，评估其是否符合教学需求。

（二）设计虚拟实验项目

首先要明确需求和目标，分析教学大纲和课程要求，确定基础化学实验课程所需涵盖的知识点、实验技能以及与新农科相关的特定内容。考虑学生的学习水平和能力，了解学生的先验知识、计算机操作技能和对虚拟学习环境的适应程度。确定平台应支持的教学方法，例如自主学习、协作学习、探究式学习等。结合教学大纲，根据新农科的教学要求和基础化学实验课程的教学大纲，确定需要开发的虚拟实验项目，这些项目应涵盖化学实验的基本技能和重要知识点。其次要突出农业应用，设计与农业相关的化学实验项目，例如土壤成分分析、农产品中有害物质检测、新型农药的合成与效果评估等，体现新农科特色。再次要设定实验目标和步骤，明确每个虚拟实验的教学目标，详细规划实验操作步骤，包括试剂的选择和使用、仪器的操作、实验条件的控制等。利用三维建模技术构建逼真的实验室场景和实验仪器设备模型，让学生有身临其境的感觉。模拟实验现象，通过动画和特效技术，准确模拟实验过程中的化学反应现象，如颜色变化、气体产生、沉淀生成等。还要进行数据模拟，根据真实的化学原理和实验数据，设置虚拟实验中的数据变化和结果输出，使实验结果具有真实性和可参考性。

（三）学生主导参与虚拟实验

预习指导，在学生进行虚拟实验操作前，提供详细的实验预习资料，包括实验原理、操作要点、注意事项等，帮助学生更好地理解实验。在线操作，学生登录虚拟实验平台，按照设定的步骤进行实验操作。在操作过程中，平台可以提供实时的提示和引导，帮助学生顺利完成实验。记录与分析实验数据，学生在实验过程中要记录实验数据，并运用所学知识对数据进行分析和处理，得出实验结论。教学互动与反馈，学生在完成虚拟实验后，可以在平台上与同学和教师进行在线讨论，分享实验心得和遇到的问题。教师通过平台监控学生的实验操作过程，及时给予指导和评价，指出学生的优点和不足之处。最后改进完善，根据同学的反馈和教师的建议，不断改进虚拟实验项目，优化实验内容和操作流程。

（四）与实际实验结合

首先是实验安排的衔接。先虚拟后实际，在课程安排上，先让学生进行相关的虚拟实验操作，熟悉实验流程、原理和注意事项。在此基础上，再安排对应的实际实验，使学生在有一定理论和操作基础的情况下进行实践。将虚拟实验和实际实验交替安排，例如，完成一个虚拟实验后紧接着进行一个相似但更复杂的实际实验，通过对比加深理解。

其次是实验内容的关联。知识点的一致性，可以确保虚拟实验和实际实验所涉及的化学知识点和原理相同，只是在实验操作的真实程度和复杂性上有所区别。以同一个农业化学相关的主题为例，如土壤肥力分析，虚拟实验中可能侧重于理论计算和数据模拟，而实际实验则是真实的土壤采样和检测。虚拟实验作为入门和铺垫，难度相对较低；实际实验则会逐渐增加难度和要求，如对实验精度的控制、对异常数据的处理等。

还要进行实验数据的对比分析。数据收集，要求学生在进行虚拟实验和实际实验时都认真记录实验数据，包括实验条件、操作步骤、测量结果等。对比讨论，组织学生对同一实验项目的虚拟实验数据和实际实验数据进行对比分析，讨论两者之间的差异及其原因。例如，在酸碱滴定实验中，比较虚拟实验中模拟的指示剂变色情况和实际实验中观察到的现象。引导学生分析虚拟实验和实际实验中可能产生的误差来源，如虚拟实验中模型简化带来的误差，实际实验中仪器精度造成的误差、操作误差等。

还要学会实验技能的迁移与强化。在虚拟实验中掌握的基本操作技能，如仪器的使用、试剂的添加等，要在实际实验中进行进一步的熟练和规范。培养问题解决能力，将在虚拟实验中培养的分析问题、解决问题的思维方式应用到实际实验中，面对实际实验中的突发情况和复杂问题要能够灵活应对。虚拟实验中的小组协作模式可以延续到实际实验中，通过团队成员之间的分工合作，提高实验效率和质量。

最后是教学反馈与调整。收集学生对于虚拟实验和实际实验相结合的感受和建议，了解他们在学习过程中的困难和收获，以便及时调整教学策略。教师根据学生的实验表现和数据分析，总结虚拟实验和实际实验结合的效果，发现存在的问题，不断优化实验教学内容和方法。

二、创新性学习小组

在新农科背景下，基础化学实验课程教学中的创新科研小组是一种旨在培养学生创新能力和科研素养的教学组织形式。创新科研小组通常由对基础化学实验和相关农业应用领域有浓厚兴趣和较强探索精神的学生组成。小组成员在教师的指导下，围绕特定的科研课题或实验项目展开工作。这些课题和项目都紧密结合农业生产中的实际问题和前沿需求，例如研究新型绿色农药的合成与效果评估、开发高效的农产品保鲜化学方法、探索土壤污染修复的化学技术等。

在创新科研小组中，学生不再只是被动地接受知识和完成既定的实验步骤，而是积极主动地参与到研项目的全过程。他们需要查阅大量的文献资料，了解国内外相关研究的最新进展，在此基础上提出自己的研究思路和实验方案。教师在小组中扮演着引导者和顾问的角色，为学生提供必要的学术指导和资源支持，帮助学生解决研究过程中遇到的问题和困难。同时，教师也应注重培养学生的团队协作能力、沟通交流能力和科学研究的规范意识。通过参与创新科研小组，学生能够将基础化学知识与农业应用深度融合，提高运用所学知识解决实际问题的能力。他们能够亲身体验科研工作的严谨性和创新性，培养科学思维和创新意识，为未来从事农业相关领域的研究和工作打下坚实的基础。以下是具体方法：

首先要组建小组，通过课程宣传、教师推荐等方式，吸引对基础化学实验和农业应用有兴趣、成绩较好、具有一定创新思维和团队合作精神的学生加入。合理分组，根据学生的专业背景、知识水平、兴趣方向等因素，将学生分成若干个小组，每组人数适中，以保证充分的交流和协作。然后要确定研究课题，教师根据自己的研究方向、农业领域的实际需求以及学科前沿动态，提出一系列可供选择的研究课题，学生也可以自主选题。小组学生在教师提供的课题范围内，结合自身兴趣和小组能力，自主选择一个具体的研究课题。也可以鼓励学生提出自己感兴趣的新课题，但需经过教师评估其可行性。再次是制定研究计划，进行文献调研，小组成员分工合作，对选定课题进行广泛的文献调研，了解国内外研究现状和尚未解决的问题。基于文献调研结果，制定详细的研究方案，包括实验目的、实验方法、实验步骤、预期结果、时间安排等。之后是教师审核，研究方案提交给教师进行审核和指导，教师提出修改意见，确保方案的科学性和可行性。最后开展实验研究，根据研究方案，准备所需的实验材料、仪器设备，确保实验条件具备。小组成员按照预定的实验步骤进行操作，认真记录实验过程中的数据和现象。对实验获得的数据进行整理、分析，运用统计学方法等判断数据的可靠性和有效性，遇到实验结果不理想或出现问题时，小组共同讨论，分析原因，调整实验方案，重新进行实验。

适当进行交流与合作，定期组织小组内部的讨论，成员分享实验进展、心得体会，共同解决遇到的问题。安排不同小组之间的交流活动，促进知识共享和思维碰撞。与外部合作，鼓励小组与其他科研团队、农业企业等进行合作，获取更多的资源和支持。成果总结与展示，撰写研究报告，小组要根据实验结果和数据分析，撰写详细的研究报告，包括引言、实验方法、结果与讨论、结论等部分。制作展示材料，可以准备 PPT 等展示材料，用于汇报研究成果。定期组织小组进行成果汇报，邀请相关教师和专家进行点评和提问，小组成员对自己在研究过程中的表现进行自我评价，总结经验教训。教师根据小组的研究成果、实验过程、团队协作等进行综合评价，给予肯定和建议，根据评价结果，小组对研究工作进行反思和总结，为今后的研究活动提供参考和改进方向。

通过以上步骤，基础化学实验课程教学中的创新科研小组活动可以有效开展，培养学生的创新能力和科研素养，推动新农科的发展。

三、信息化教学手段应用

“信息化教学手段应用”指的是在基础化学实验课程教学中，充分利用现代信息技术来优化教学过程，提升教学效果和学生学习体验。具体来说，包括以下几个方面：

(1)在线课程平台。开发和利用在线课程平台，教师可以将实验课程的教学大纲、教学视频、实验指导书、预习资料等上传到平台上，学生能够随时随地访问这些资源进行自主学习和预习。例如，学生可以在课前通过观看实验操作视频，熟悉实验步骤和注意事项。

(2)教学管理系统。使用教学管理系统来实现课程安排、学生选课、实验预约、成绩管理等功能的自动化和信息化。教师可以通过系统方便地发布教学任务和作业，学生可以及时了解自己的学习进度和成绩情况。开发人员可以与教师和学生进行沟通，了解他们对教学管理系统的期望和需求。例如，教师可能希望能够方便地安排实验课程、查看学生的预习情况和实验报告等，学生可能希望能够自主预约实验时间、查询成绩等。确定系统需要支持的功能，如课程管理、实验预约、学生信息管理、成绩管理、教学资源管理、通知公告发布等。进行架构设计，选择合适的技术架构，如B/S(浏览器/服务器)架构或C/S(客户端/服务器)架构，确保系统的稳定性和可扩展性。进行数据库设计，根据系统的功能需求，设计合理的数据库结构，包括学生表、教师表、课程表、实验安排表、成绩表等。进行界面设计，设计简洁、易用的用户界面，考虑到不同用户角色(教师、学生、管理员)的操作习惯和权限，提供清晰的导航和操作提示。

(3)多媒体教学资源。运用图片、动画、音频、视频等多媒体资源来展示复杂的化学实验原理、反应过程和实验现象，使抽象的知识变得更加直观、形象，易于学生理解和掌握。

(4)虚拟社区。利用微信、QQ等，建立师生之间的交流群，方便学生随时向教师提问，教师也可以及时解答学生的疑惑，提供在线指导。

(5)远程教学。在特殊情况下，如疫情期间或学生因特殊原因无法到校时，教师可以通过直播或录播的方式进行远程教学，保证教学的连续性。“远程教学”在基础化学实验课程中主要通过以下几种方式实现：直播授课有视频直播，教师通过直播平台，实时讲解实验课程的理论知识、操作要点和注意事项。学生可以在直播过程中通过文字留言或语音提问与教师互动。还可以多视角展示，利用多个摄像头从不同角度拍摄教师的演示操作，包括实验仪器的正面、侧面和顶部，让学生全方位清晰地看到实验细节。有屏幕共享，教师在讲解过程中，可以共享自己的电脑屏幕，展示实验相关的 PPT、文档、图片或模拟实验软件的操作。教师提前录制好高质量的实验课程视频，包括详细的讲解和完整的实验操作过程。将录制的视频进行剪辑，分成不同的章节和知识点，方便学生按需观看和复习。在视频中添加文字注释、箭头指示等，突出重点和关键步骤，帮助学生更好地理解。还可以在线互动与答疑论坛讨论，在教学平台上设立专门的论坛板块，学生可以在上面发表自己的问题和见解，教师和其他同学进行回复和讨论。设定固定的在线答疑时间，学生可以通过视频会议或即时通信工具向教师提问，及时解决学习中的困惑。

总之，信息化教学手段的应用可以打破时间和空间的限制，丰富教学资源和教学方式，提高教学效率和质量，更好地满足新农科背景下基础化学实验课程教学的需求。

第五节　基础化学实验课考核模式改革

一、多元化考核内容

改革后，基础化学实验课程考核不再仅仅局限于实验报告和期末考试成绩，而是增加了对实验过程的考核，包括实验操作的规范性、熟练程度、解决问题的能力等；同时纳入了对学生预习情况、实验态度、团队协作精神等方面的评价。多元化考核内容意味着对学生在基础化学实验课程中的表现进行多维度、全面的评估，不再仅仅依赖于单一的考核方式或指标。

（1）考核熟练程度。考量学生完成实验操作的速度和流畅性，能否在规定时间内高效地完成实验步骤，且不出差错。考核应急处理能力，在实验过程中设置一些突发状况，如仪器故障、实验结果异常等，考查学生应对和解决问题的能力。

（2）实验报告和数据分析与结论考核。要求学生在实验报告中清晰地阐述实验目的、实验原理、实验步骤、实验数据记录与处理、实验结果分析等内容，确保没有遗漏重要信息。评估学生对实验数据的处理和分析方法是否科学合理，能否从数据中得出正确的结论，并对结论进行有效的讨论和解释。评估书写规范性，包括语言表达的准确性、逻辑性，图表的绘制是否规范、清晰，参考文献的引用是否恰当等。预习情况考核，要求学生提交预习报告，说明对实验目的、原理、步骤的理解，以及对可能遇到问题的思考和解决方案。在实验开始前，可以通过提问的方式检查学生的预习效果，了解他们对实验的准备程度。

(3)实验态度考核。参与积极性：观察学生在实验课堂上的表现，是否主动参与实验操作、积极与小组成员合作，还是被动等待指导。专注度：考查学生在实验过程中是否全神贯注，认真对待每一个实验环节，避免粗心大意和敷衍了事。

(4)心态考核。包括责任心，评估学生对实验仪器和试剂的使用是否负责，是否遵守实验室的安全规定和操作规范。

(5)团队协作精神考核。分工合作：观察小组内成员之间的分工是否合理，能否根据各自的优势和特长承担相应的任务。沟通交流：考查学生在小组合作中是否能够有效地与他人沟通交流，分享自己的想法和经验，共同解决问题。

(6)团队成果与创新思维考核。评估小组整体的实验完成情况和成果，看团队成员是否能够相互协作，达到预期的实验目标。鼓励学生对实验方法、实验装置提出改进的想法和建议，评估其合理性和可行性。在一些开放性实验中，要求学生设计新的实验方案，考查其创新思维和独立思考能力。

通过以上多元化的考核内容，可以更全面、客观地评价学生在基础化学实验课程中的学习成果和综合素质，促进学生在知识、技能、态度和创新能力等方面的全面发展。

二、实践操作考核

设置专门的实践操作考试，让学生在规定时间内完成特定的实验任务，重点考查学生的实际动手能力和对实验技能的掌握程度。“实践操作考核”是基础化学实验课程考核的重要组成部分，旨在直接评估学生在实验中的实际动手能力和对实验技能的掌握程度。

(1)考核形式。现场操作：学生在规定时间内，在实验室现场完成指定的实验任务。教师在旁观察学生的操作过程，包括仪器的选择与使用、试剂的添加、实验步骤的执行等。操作演示：学生向教师或评委演示特定的实验操作环节，如某种仪器的校准、复杂实验步骤的关键部分等，以展示其熟练程度和准确性。

(2)考核内容。基本实验技能：考查准确量取液体、配制溶液、加热与冷却操作、过滤与分离技术等常见且基础的实验技能。熟练且正确地使用基础化学实验中常用的仪器，如天平、移液器、分光光度计、酸度计等，包括仪器的调试、操作和维护。实验流程掌握：按照给定的实验方案或要求，完整且准确地执行实验流程，包括实验前的准备工作、实验中的操作要点和实验后的整理工作。数据记录与处理：在实验过程中，及时、准确地记录实验数据，并能运用所学知识对数据进行初步的处理和分析。安全规范：遵守实验室安全规则，正确佩戴个人防护设备，熟悉紧急情况的应对措施，操作过程中无安全隐患。评分标准表现为操作准确性，根据实验操作的标准和规范，判断学生的操作是否正确，有无错误或失误，这部分占较大比重。观察学生完成操作的速度和流畅性，熟练者得分较高。数据质量：数据记录的完整性、准确性，以及数据处理方法的合理性。实验习惯：包括仪器摆放是否整齐、实验台面是否整洁、实验后是否清理归位等。安全意识：是否严格遵守安全规定，有无违规操作。

(3)考核安排。有定期考核和期末综合考核，可以在每个教学单元结束时进行小型的实践操作考核，以检验学生对该阶段实验技能的掌握情况，也可以在学期末安排一次较为全面的实践操作考核，涵盖本学期的重点实验技能和知识点。

通过科学合理的实践操作考核，可以有效督促学生重视实验操作训练，提高其动手能力和实践技能，为新农科培养具备扎实实验基础的专业人才。

主要参考文献

[1] 人民网. “新农科”建设开启“北大仓行动”[J]. 中国农业教育，2019，20(5)：110.

[2] 人民网. 新农科建设推出“北京指南”[J]. 中国农业教育，2019，20(6)：104-106.

[3] 高志强，阳会兵，唐文帮. 作物学数字教学资源建设[M]. 长沙：湖南科学技术出版社，2022：64-137.

[4] 高志强，郭丽君. 学校生态学引论[M]. 北京：经济管理出版社，2015：52-57.

[5] 高志强. 计算机排版与录入技术[M]. 北京：中国财政经济出版社，2007.

[6] 高倩文，陈冲，高志强. 智慧农业应用技术[M]. 长沙：湖南科学技术出版社，2024：89-93.

[7] 罗九同，孙梦，顾小清. 混合学习视角下 MOOC 的创新研究：SPOC 案例分析[J]. 现代教育技术，2014，24(7)：18-25.

[8] 魏顺平. 在线教育管理者视角下的学习分析——在线教学绩效评估模式构建与应用[J]. 现代教育技术，2014，24(9)：79-85.

[9] 郑旭东，吴秀圆，王美倩. 多媒体学习研究的未来：基础、挑战与趋势[J]. 现代远程教育研究，2013(6)：17-23.

[10] 裘伟廷. 现代远程教育的耗散结构思考[J]. 宁波大学学报(教育科学版)，2005(5)：47-50.

[11] 陈崎，刘儒德. 当代教育心理学[M]. 北京：北京师范大学出版社，1997：74.

[12] 李维. 学习心理学[M]. 成都：四川人民出版社，2000：21.

[13] 周清明，郭丽君，高志强. 创新型地方高校发展研究[M]. 北京：经济管理出版社，2013：92-98.

[14] 钟美娥，李辉勇. 农业院校《无机及分析化学》课程内容建设研究[J]. 广州化工，2016，

44(24)：138-139.

[15] 陈虹锦. 无机及分析化学[M]. 北京：科学出版社，2008：211.

[16] 刘祥华，王辉宪，姜晖霞. 高等农业院校非化学专业《物理化学》课程教学探讨[J]. 中国科教创新导刊，2009(26)：37.

[17] 周晓华，龚淑华，赵颖，等. 无机及分析化学课程考试模式改革的实践与探讨[J]. 广东化工，2006，33(11)：93-95.

[18] 苏招红，李辉勇，周军. 农业院校《无机及分析化学》课程考试改革的研究[J]. 广州化工，2017，45(16)：192-193.

[19] 覃晓丽，桂清文，蒋红梅，等. 在物理化学教学中引入最新研究成果的探索[J]. 广州化工，2021，49(1)：111-112.

[20] 杨正亮，杨淑英，张院民，等. 无机及分析化学课程"专业引导型"教学模式研究[J]. 高等农业教育，2012，2(2)：55-56.

[21] 张凤，熊海蓉，罗景. 浅谈如何提高化学专业英语课程教学效果[J]. 中国科教创新导刊，2013(34)：125，127.

[22] 党营. 思维导图在有机化学教学中的应用[D]. 大连：辽宁师范大学，2018.

[23] 郭海涛，张荣怀，李娟，等. 思维导图辅助 PBL 教学法在《心衰进行曲》授课中的应用[J]. 心脏杂志，2020，32(2)：209-213.

[24] 曾宪祥，吴雄伟，朱佳苗，等. 面向高校新生的无机及分析化学教学探究[J]. 广州化工，2019，47(24)：174-175.